教育部　财政部中等职业学校教师素质提高计划成果

给水与排水专业师资培训包开发项目（LBZD013）

给水与排水专业教师教学能力标准和培训方案及培训质量评价指标体系

Jishui Yu Paishui Zhuanye Jiaoshi Jiaoxue Nengli Biaozhun He Peixun Fang'an Ji Peixun Zhiliang Pingjia Zhibiao Tixi

教育部　财政部　组编

陈祝林　主编

陈祝林　邵建民　马志宏　执行主编

中国建筑工业出版社

图书在版编目（CIP）数据

给水与排水专业教师教学能力标准和培训方案及培训质量评价指标体系 / 陈祝林主编. —北京：中国建筑工业出版社，2011.8

ISBN 978-7-112-13495-3

Ⅰ.①给… Ⅱ.①陈… Ⅲ.①给水工程-中等专业学校-师资培训-教学参考资料②排水工程-中等专业学校-师资培训-教学参考资料 Ⅳ.①TU991

中国版本图书馆CIP数据核字（2011）第170823号

责任编辑：朱首明
责任设计：叶延春
责任校对：王誉欣 陈晶晶

教育部 财政部中等职业学校教师素质提高计划成果
给水与排水专业师资培训包开发项目（LBZD013）

给水与排水专业教师教学能力标准和培训方案及培训质量评价指标体系

教育部 财政部 组编
陈祝林 主编
陈祝林 邵建民 马志宏 执行主编

*

中国建筑工业出版社出版、发行（北京西郊百万庄）
各地新华书店、建筑书店经销
北京京点设计公司制版
世界知识印刷厂印刷

*

开本：787×1092毫米 1/16 印张：5¼ 字数：123千字
2011年12月第一版 2011年12月第一次印刷
定价：14.00元

ISBN 978-7-112-13495-3
(21273)

教育部　财政部中等职业学校教师素质提高计划成果
系列丛书

教育部　财政部中等职业学校教师素质提高计划成果
系列丛书

给水与排水专业师资培训包开发项目
（LBZD013）

项目牵头单位　同济大学
项 目 负 责 人　陈祝林

出版说明

根据2005年全国职业教育工作会议精神和《国务院关于大力发展职业教育的决定》(国发[2005]35号)，教育部、财政部2006年12月印发了《关于实施中等职业学校教师素质提高计划的意见》(教职成[2006]13号)，决定“十一五”期间中央财政投入5亿元用于实施中等职业学校师资队伍建设相关项目。其中，安排4 000万元，支持39个培训工作基础好、相关学科优势明显的全国重点建设职教师资培养培训基地牵头，联合有关高等学校、职业学校、行业企业，共同开发中等职业学校重点专业师资培训方案、课程和教材(以下简称“培训包项目”)。

经过四年多的努力，培训包项目取得了丰富成果。一是开发了中等职业学校70个专业的教师培训包，内容包括专业教师的教学能力标准、培训方案、专业核心课程教材、专业教学法教材和培训质量评价指标体系5方面成果。二是开发了中等职业学校校长资格培训、提高培训和高级研修3个校长培训包，内容包括校长岗位职责和能力标准、培训方案、培训教材、培训质量评价指标体系4方面成果。三是取得了7项职教师资公共基础研究成果，内容包括中等职业学校德育课教师、职业指导和心理健康教育教师培训方案、培训教材，教师培训项目体系、教师资格制度、教师培训教育类公共课程、职业教育教学法和现代教育技术、教师培训网站建设等课程教材、政策研究、制度设计和信息平台等。上述成果，共整理汇编出300多本正式出版物。

培训包项目的实施具有如下特点：一是系统设计框架。项目成果涵盖了从标准、方案到教材、评价的一整套内容，成果之间紧密衔接。同时，针对职教师资队伍建设的基础性问题，设计了专门的公共基础研究课题。二是坚持调研先行。项目承担单位进行了3 000多次调研，深度访谈2 000多次，发放问卷200多万份，调研范围覆盖了70多个行业和全国所有省(区、市)，收集了大量翔实的一手数据和材料，为提高成果的科学性奠定了坚实基础。三是多方广泛参与。在39个项目牵头单位组织下，另有110多所国内外高等学校和科研机构、260多个行业企业、36个政府管理部门、277所职业院校参加了开发工作，参与研发人员2 100多人，形成了政府、学校、行业、企业和科研机构共同参与的研发模式。四是突出职教特色。项目成果打破学科体系，根据职业学校教学特点，结合产业发展实际，将行动导向、工作过程系统化、任务驱动等理念应用到项目开发中，体现了职教师资培训内容和方式方法的特殊性。五是研究实践并进。几年来，项目承担单位在职业学校进行了 1 000 多次成果试验。阶段性成果形成后，在中等职业学校专业骨干教师国家级培训、省级培训、企业实践等活动中先行试用，不断总结经验、修改完善，提高了项目成果的针对性、应用性。六是严格过程管理。两部成立了专家指导委员会和项目管理办公室，在项目实施过程中先后组织研讨、培训和推进会近 30 次，来自职业教育办学、研究和管理一线的数十位领导、专家和实践工作者对成果进行了严格把关，确保了项目开发的正确方向。

作为“十一五”期间教育部、财政部实施的中等职业学校教师素质提高计划的重要内容，培训包项目的实施及所取得的成果，对于进一步完善职业教育师资培养培训体系，推动职教师资培训工作的科学化、规范化具有基础性和开创性意义。这一系列成果，既是职教师资培养培训机构开展教师培训活动的专门教材，也是职业学校教师在职自学的重要读物，同时也将为各级职业教育管理部门加强和改进职教教师管理和培训工作提供有益借鉴。希望各级教育行政部门、职教师资培训机构和职业学校要充分利用好这些成果。

为了高质量完成项目开发任务，全体项目承担单位和项目开发人员付出了巨大努力，中等职业学校教师素质提高计划专家指导委员会、项目管理办公室及相关方面的专家和同志投入了大量心血，承担出版任务的 11 家出版社开展了富有成效的工作。在此，我们一并表示衷心的感谢！

编写委员会

2011 年 10 月

前　言

根据《国务院关于大力发展职业教育的决定》和《教育部财政部关于实施中等职业学校教师素质提高计划的建议》的精神，“十一五”期间，中央财政安排专项资金，支持全国重点建设职教师资培养培训基地等单位，开展了职教师资培训项目建设，包括开发七十个重点专业在内的中等职业学校教师培训包项目。“给水与排水专业教师培养培训方案、课程和教材开发项目”就是其中之一。本项目的主要内容旨在开发完成五个模块，分别是：(1) 制定给水与排水专业教师教学能力标准；(2) 构建给水与排水专业上岗、提高和骨干三个不同层级专业教师的培训方案；(3)编写针对培训给水与排水专业教师的核心教材；(4)编写针对给水与排水专业课程的专业教学法教材；(5) 制定给水与排水专业教师培训质量评价指标体系。本篇重在对第一模块给水与排水专业教师教学能力标准、第二模块给水与排水专业上岗、提高和骨干三个不同层级专业教师的培训方案和第三模块给水与排水专业教师培训质量评价指标体系进行全面介绍。

“给水与排水专业教师教学能力标准”主要由“实践能力与教学能力”两大部分标准组成。“实践能力”标准选择了水质检验与监测、水处理运行与净化、建筑给排水管道安装、室外给排水管道施工、泵站操作等五部分内容；“教学能力”标准选择了课程设计、制定授课计划、设计教案、教学准备、实施教学、教学评价、教学指导、教学研究与教学改革等九部分内容。本标准是基于中等职业学校给水与排水专业教师达到能够示范、指导学生完成教学基本要求的基础上提出的。

“给水与排水专业上岗、提高和骨干三个不同层级专业教师的培训方案”是以达到《中等职业学校给水与排水专业教师教学能力标准》的相应指标要求为基础编写的。本“培训方案”选择了给水与排水专业三个不同层次的教师为培训对象，制定了与专业教师教学能力标准要求相对应的培训目标，拟定了以提高给水与排水专业教师的教学能力和实践技能为重点的培训内容，并从培训形式上采用了“教育与专业”两类多功能的模块化培训方式，满足了来自学校、企业等不同情况受训人员的要求，更好地体现师范性和职业性原则。通过培训，使接受培训的给水与排水专业教师职业道德水准、专业知识与技能、教育教学和研究能力方面的综合素质有显著提高；在给水与排水专业教学实践中能发挥示范作用。

“给水与排水专业教师培训质量评价指标体系”主要为保障给水与排水专业教师上岗培训、提高培训和骨干教师培训的高质高效而提出的。本“指标体系”既遵循了评价的一般性原则，又注意到评价的特殊性，在评价指标不宜太多且宜简不宜繁的前提下，使评价指标具有独立性、代表性和差异性，而且操作上要可行。通过对给水与排水专业教师培训质量评价的维度分析，建立了给水与排水专业教师培训质量评价指标体系，并对给水与排水专业教师培训质量评价指标设置了相应的权重系数。为便于评价的实际操作，“指标体系”还列出了给水与排水专业教师培训质量评价的一般步骤和评价方法，并建议在评价结束后，培训基地要对评价信息（自评、专家评、学员网评以及调查问卷）进行分析，得出总结报告，及时反馈给教师和学员，培训基地要认真总结培训过程中的具体问题，提出并实施改进措施，不断提高培训质量。

参加本篇编写的有：同济大学陈祝林、罗琳琳（给水与排水专业教师培训质量评价指标体系），上海城市建设学校邵建民、程和美（给水与排水专业教师教学能力标准），上海环境学校马志宏、陈建昌（给水与排水专业上岗、提高和骨干三个不同层级专业教师的培训方案）。

全书由陈祝林、邵建民、马志宏任主编；由陈祝林统稿，罗琳琳、顾剑峰负责整理和编排。

同济大学副教授颜明忠博士、上海市西南工程学校高级讲师陈祖根、北京城市建设学校高级讲师常莲任主审。他们对本篇内容的整体结构、内容都作了非常细致而认真的审查，在此表示衷心感谢。

希望使用本篇内容的读者提出宝贵意见，以便为下次的再版作修改。

编　者

2010 年 8 月

目 录
Contents

给水与排水专业教师

教学能力标准

编写说明

为贯彻落实《国务院关于大力发展职业教育的决定》中关于实施“职业院校教师素质提高计划”的精神，中央财政安排了专项资金，从2007年11月开始，历时两年，至2010年6月止，开发包括70个重点专业在内的中等职业学校专业教师培训包，该培训包共有五个模块，其中编写《给水与排水专业教师教学能力标准》就是五个模块中的一个。《中等职业学校给水与排水专业教师培养培训方案、课程和教材开发项目》（项目编号LBZD013）课题组组织并实施了《给水与排水专业教师教学能力标准》的编写。

本标准的编写，主要依据《中华人民共和国教师法》、《中华人民共和国职业教育法》、《教师资格条例》、教育部、财政部《关于实施中等职业学校教师素质提高计划的意见》(2006年)、建设部《中等职业学校给水与排水专业教学大纲》（2002年）和《中等职业学校给水与排水专业实训大纲》（2007年）等相关法律和文件而制定，其目的旨在为中等职业学校给水与排水专业教师培养和教师专业化发展给出明确的目标和要求，使中等职业学校给水与排水专业教师培养培训方案、课程和教材开发有据可依、有章可循，同时为评价中等职业学校教师、学校教学水平的评估提供了有效的依据；本标准也为中等职业学校给水与排水专业教师素养和能力培养提供了评判依据。

本标准的内容，主要分为给水与排水专业教师“实践能力标准”和“教学能力标准”两部分内容。“实践能力标准”部分，主要包括水质检验与监测、水处理运行与净化、建筑给水排水管道安装、室外给水排水管道施工、泵站操作五个模块，在内容上紧贴给水排水相关行业和企业需求，重点突出本专业的实际操作技能；“教学能力标准”部分，主要是以完成教学任务需要的各教学环节为主线，结合给水与排水专业特点来编制的，着重强调了教学实践操作性、引导性和规范性。本标准打破了“重理论轻实践”的传统教学理念，突出给水与排水专业教师的实践操作能力、课堂教学能力和教学研究能力，即“双师”和“双教”能力。

《给水与排水专业教师教学能力标准》的成功制订，尚需要经历中等职业学校试用、修订、再试用、再修订的多次循环，需要在使用和实践中不断修改和完善，因此，希望得到使用单位和广大专业教师的信息反馈，以便在今后的修订中能充分体现实际的需求和时代特色，使其在职业技术教育中发挥更好作用，推进给水与排水专业的教学改革是十分重要的。

由同济大学负责，上海市城市建设工程学校、上海市环境学校、上海城市投资污水处理公司、苏州科技学院、广州大学市政技术学院等单位共同参加的《中等职业学校给水与排水专业教师培养培训方案、课程和教材开发项目》，上海市城市建设工程学校邵建民、程和美主要承担了《给水与排水专业教师教学能力标准》的制订与开发。同济大学岳梦、罗琳琳也参与了该标准的调研与编制。标准编制过程中，课题组开展了专题研究，进行了针对相关职校、企业、行业的广泛调查，充分征求和听取了全国各地中等职业学校给水与排水专业教学专家的建议，并借鉴和吸收了国内外许多成功经验。

目 录

第1部分 给水与排水专业教师实践能力标准

第2部分 给水与排水专业教师教学能力标准

第1部分

给水与排水专业教师实践能力标准

模块1　水质检验与监测

1　化验准备

1.1　水质标准及检验方法的确认

1.1.1　生活饮用水水质标准及检验方法的确认

1.1.2　城市污水排放标准及检验方法的确认

1.1.3　城市污水回用水质标准及检验方法的确认

1.2　水样采集

1.2.1　水样采集的规范

1.2.2　水样标签的制作

1.2.3　水样的正确保存

1.3　化验室准备

1.3.1　化验室使用规程的制定

1.3.2　实验仪器、试剂的准备

1.3.3　水质分析实验室的管理

2 样品的容量分析

2.1 仪器使用和维护

2.1.1 分析天平的使用和维护
2.1.2 容量瓶、滴定管的操作
2.1.3 容量瓶、滴定管的维护

2.2 滴定法测定水样指标

2.2.1 酸碱法测定水的酸碱度
2.2.2 沉淀法测定水中氯化物含量
2.2.3 配位法测定水的硬度
2.2.4 碘量法测定水的溶解氧
2.2.5 高锰酸钾法测定水的高锰酸钾盐指数
2.2.6 重铬酸钾法测定污废水的化学需氧量
2.2.7 五天生化需氧量的测定

2.3 水质分析报告

2.3.1 实验数据的记录
2.3.2 实验数据的分析
2.3.3 实验结果的分析报告

3 样品的重量分析

3.1 仪器使用和维护

3.1.1 蒸发皿、离心机、真空泵的使用
3.1.2 沉淀过滤操作
3.1.3 恒温干燥箱、马福炉的使用

3.2 重量法测定水样指标

3.2.1 水样中氯化钡含钡量的测定
3.2.2 水样中残渣量的测定
3.2.3 重量分析数据的记录和处理

4 水质快速测定与仪器分析

4.1 水质快速测定

4.1.1 pH 仪的使用和水样的 pH 值测定

4.1.2 浊度仪的使用和水样的浊度测定

4.1.3 电导率仪的使用和水样的电导率测定

4.1.4 余氯测定仪的使用和水样的余氯测定

4.1.5 溶解氧测定仪的使用和水样的溶解氧测定

4.2 仪器分析

4.2.1 萃取和分液漏斗的使用

4.2.2 分光光度计的使用

4.2.3 测汞仪的使用

4.2.4 铂钴比色法、稀释倍数法测定水的色度

4.2.5 纳氏比色法测定水的氨氮

4.2.6 分光光度法测定水中六价铬和总磷

5 微生物指标及消毒剂指标测定

5.1 水样细菌总数测定

5.1.1 各种灭菌法的操作

5.1.2 显微镜的使用

5.1.3 平板计数法测定细菌总数

5.2 水样大肠菌群数测定

5.2.1 滤膜法测定大肠菌群

5.2.2 多管发酵法测定大肠菌群

5.3 二虫指标测定

5.3.1 贾第鞭毛虫测定的基本操作

5.3.2 隐孢子虫测定的基本操作

5.4 水样余氯测定

5.4.1 目视比色法的基本操作

5.4.2 总余氯和游离性余氯的测定

模块 2　水处理运行与净化

1　给水处理

1.1　给水处理准备

1.1.1　给水处理常规工艺流程图的识读

1.1.2　给水水质参数、水源水质标准和生活饮用水水质标准的确认

1.2　混凝

1.2.1　最佳投药量的确定

1.2.2　常规混凝剂（絮凝剂和助凝剂）的配置与投加

1.2.3　絮凝池基本构造和工作过程的把握

1.2.4　常规絮凝池的运行操作

1.2.5　混凝过程中异常情况的分析与解决

1.3　沉淀

1.3.1　自由沉降试验法的沉淀，并绘制沉降曲线

1.3.2　平流沉淀池和斜管 / 斜板沉淀池基本构造和工作过程的把握

1.3.3　平流沉淀池和斜管 / 斜板沉淀池的运行操作

1.3.4　排泥设备的运行操作

1.3.5　沉淀过程中异常情况的分析和解决

1.4　过滤

1.4.1　过滤试验法的确定

1.4.2　普通快滤池、V 形滤池基本构造和工作过程的把握

1.4.3　普通快滤池、V 形滤池的运行操作

1.4.4　滤池运行过程中异常情况的分析和解决

1.4.5　压力过滤设备的基本构造和工作过程的把握

1.5　消毒

1.5.1　氯消毒的基本原理以及加氯量对消毒的影响

1.5.2　投氯设备、安全器具和设备的使用

1.5.3　氯投加过程中的安全操作要求，能检测氯瓶、管路是否泄漏

1.5.4 二氧化氯、臭氧、氯胺、紫外线消毒系统的组成与工作过程

1.6 给水厂的运行管理

1.6.1 给水厂处理工艺流程的识读
1.6.2 主要构筑物的重要监控指标，主要设备、监控仪表的运行要求的确认
1.6.3 加药间、絮凝池、沉淀池、过滤池、加氯间管理和维护
1.6.4 安全生产、成本管理基本内容的把握
1.6.5 水厂工艺运行仿真软件的操作和运行操作中的异常情况的分析与解决

2 污水处理

2.1 污水处理准备

2.1.1 城市污水处理常规工艺流程图的识读
2.1.2 污水水质参数、污水排放相关标准和污水回用相关水质标准的确认

2.2 格栅

2.2.1 格栅的作用和类型
2.2.2 机械格栅的运行操作
2.2.3 格栅运行中可能出现的异常情况的分析及解决

2.3 沉砂池

2.3.1 沉砂池的作用和分类
2.3.2 平流沉砂池、旋流沉砂池、曝气沉砂池的运行操作
2.3.3 排砂设备、砂水分离设备的运行操作
2.3.4 运行中可能出现的异常情况的分析与解决

2.4 初沉池

2.4.1 初沉池的作用和类型
2.4.2 辐流式沉淀池的运行操作
2.4.3 排泥设施的运行操作
2.4.4 运行中可能出现的异常情况的分析与解决

2.5 生物处理池

2.5.1 曝气池基本构造和工作过程的把握
2.5.2 生物接触氧化池基本构造和工作过程的把握
2.5.3 曝气池的运行操作

2.5.4 生物接触氧化池的运行操作
2.5.5 曝气量的计算、曝气设备的运行操作
2.5.6 活性污泥沉降试验和生物相观察
2.5.7 生物处理系统运行中异常情况的分析与解决
2.5.8 生物滤池、水解酸化池、UASB 反应池基本构造和工作过程的把握

2.6 二沉池

2.6.1 二沉池的作用和分类
2.6.2 二沉池基本构造和工作过程的把握
2.6.3 二沉池的运行操作
2.6.4 排泥设备、污泥回流设备运行的操作
2.6.5 运行中异常情况的分析与解决

2.7 气浮池

2.7.1 气浮的原理与类型
2.7.2 气浮池的基本构造与工作过程的把握
2.7.3 气浮设备的运行操作
2.7.4 运行中异常情况的分析与解决

2.8 污水处理厂的运行管理

2.8.1 污水处理厂工艺流程的识读
2.8.2 主要构筑物的重要监控指标，主要设备、监控仪表的运行要求的确认
2.8.3 格栅间、沉砂池、初沉池、曝气池、二沉池的管理和维护
2.8.4 安全生产、成本管理基本内容的把握
2.8.5 用仿真软件对污水处理厂工艺运行操作，并分析与解决异常情况

3 污泥处理

3.1 污泥处理的准备

3.1.1 常规污泥处理工艺流程的识读
3.1.2 污泥泥质参数、处置或综合利用相关标准的确认

3.2 污泥输送

3.2.1 常规污泥输送设备的作用和基本构造
3.2.2 常规污泥输送设备的运行和维护

3.3 污泥浓缩

3.3.1 污泥浓缩池基本构造和工作过程的把握
3.3.2 污泥浓缩池的运行操作
3.3.3 污泥浓缩过程中异常情况的分析与解决

3.4 污泥消化

3.4.1 污泥消化池基本构造和工作过程的把握
3.4.2 污泥消化过程的工艺参数和监控指标的确认
3.4.3 污泥消化池的运行操作
3.4.4 污泥消化运行过程中异常情况的分析与解决
3.4.5 污泥消化的安全措施的把握

3.5 污泥脱水

3.5.1 污泥脱水机的基本构造和工作过程的把握
3.5.2 污泥脱水机的运行操作和维护

3.6 脱水污泥的处理与最终处置

3.6.1 脱水污泥热干化设备的运行操作
3.6.2 脱水污泥焚烧设备的运行操作
3.6.3 污泥堆肥设备的运行操作

4 常用仪表的运行与维护

4.1 工作参数检测仪表

4.1.1 温度检测仪表的运行管理和日常维护
4.1.2 压力检测仪表的运行管理和日常维护
4.1.3 流量检测仪表的运行管理和日常维护
4.1.4 液位、泥位检测仪表的运行管理和日常维护

4.2 水质检测仪表

4.2.1 pH 值检测仪表的运行管理和维护
4.2.2 浊度检测仪表的运行管理和维护
4.2.3 溶解氧检测仪表的运行管理和维护
4.2.4 余氯检测仪表的运行管理和维护
4.2.5 电导率检测仪表的运行管理和维护
4.2.6 有机物检测仪表的运行管理和日常维护

模块 3　建筑给水排水管道安装

1　管道加工

1.1　常用工具与机具使用

1.1.1　管台虎钳、钢锯、管钳、割刀、扳手、铰板等常用工具的使用和保养

1.1.2　电动套丝机、砂轮切割机、电动切管机、冲击电钻等机具的使用和保养

1.2　钢管调直

1.2.1　管子弯曲部分的检查

1.2.2　管子的冷调直

1.2.3　管子的热调直

1.3　钢管整圆

1.3.1　锤击法整圆

1.3.2　整圆器整圆

1.4　管子切割与坡口

1.4.1　锯割切割钢管、塑料管等管材的使用

1.4.2　砂轮片切割机切割钢管钢材的使用

1.4.3　割管器切割钢管、塑料管等管材的使用

1.4.4　塑料管坡口

1.5　钢管套丝

1.5.1　套螺纹质量标准的识读

1.5.2　普通铰板套螺纹的使用

1.5.3　机械套螺纹的使用

1.6　管子连接

1.6.1　钢管螺纹连接

1.6.2　法兰连接

1.6.3　铸铁管、塑料管等排水管材的橡胶圈承插连接

1.6.4　PP-R 管承插热熔连接

1.6.5 铝塑复合管连接

1.6.6 硬聚氯乙烯建筑排水管粘接

2 建筑给水管道安装

2.1 施工前准备

2.1.1 给水管道施工图的识读

2.1.2 给水管道施工方案的编制

2.1.3 管材、管件、附件、管卡等材料的准备

2.1.4 安装工具和机具等设备的准备

2.2 给水管道敷设安装

2.2.1 给水引入管、干管的安装

2.2.2 给水立管的安装

2.2.3 给水横支管的安装

2.3 给水管道质量检查

2.3.1 给水管材、管件、附件质量的检查

2.3.2 给水管道安装及允许偏差的检查

2.3.3 给水管道水压试验

3 建筑排水管道安装

3.1 施工前的准备

3.1.1 排水管道施工图的识读

3.1.2 排水管道施工方案的编制

3.1.3 排水管材、管件、附件、管卡等材料的准备

3.1.4 安装工具和机具等设备的准备

3.2 排水管道敷设安装

3.2.1 排出管安装

3.2.2 排水立管安装

3.2.3 排水横支管安装

3.3 排水管道质量检查

3.3.1 排管材、管件、附件质量的检查

3.3.2 排水管道安装及允许偏差的检查

3.3.3 排水管道的通球、灌水和通水试验

4 阀门、水表及水箱安装

4.1 阀门安装

4.1.1 给水控制阀、止回阀、浮球阀等常用阀门的性能和用途的识别

4.1.2 安装前阀门质量的检查

4.1.3 阀门安装的规定和要求的确认

4.1.4 常用阀门安装

4.2 水表安装

4.2.1 旋翼湿式水表和螺翼式水表的性能和用途的识别

4.2.2 安装前水表质量的检查

4.2.3 水表安装的规定和要求的确认

4.2.4 按水表节点图进行安装

4.3 水箱安装

4.3.1 水箱配管的作用认识

4.3.2 水箱配管安装图的识读

4.3.3 水箱配管的安装规定和要求的确认

4.3.4 水箱配管的安装

5 给水泵安装

5.1 安装准备

5.1.1 水泵安装工艺图的识读

5.1.2 水泵基础的预制和验收

5.1.3 泵的开箱检查

5.2 水泵安装

5.2.1 吊装就位

5.2.2 位置调整
5.2.3 水平调整
5.2.4 同心度调整
5.2.5 二次浇灌

5.3 水泵配管及附件安装

5.3.1 水泵进水管、出水管的安装
5.3.2 底阀、止回阀、控制阀、压力表、真空表等附件的安装
5.3.3 水泵试运行和故障排除

6 常用卫生器具安装

6.1 大便器安装

6.1.1 大便器安装图的识读
6.1.2 高位水箱蹲式大便器的安装
6.1.3 低水箱座式大便器的安装

6.2 小便器安装

6.2.1 小便器安装图的识读
6.2.2 斗式小便器的安装
6.2.3 立式小便器的安装

6.3 洗脸盆安装

6.3.1 洗脸盆安装图的识读
6.3.2 台式洗脸盆的安装
6.3.3 立柱式洗脸盆的安装

6.4 浴盆安装

6.4.1 浴盆安装图的识读
6.4.2 浴盆的安装

6.5 淋浴器安装

6.5.1 淋浴器安装图的识读
6.5.2 管式淋浴器的安装

6.6 洗涤盆安装

6.6.1 洗涤盆安装图的识读

6.6.2 洗涤盆的安装

7 室内消防设备安装

7.1 消火栓给水设备安装

7.1.1 消火栓系统安装图的识读

7.1.2 室内消火栓管道系统安装基本要求的确认

7.1.3 室内消防管道的安装

7.1.4 室内消火栓箱及消火栓设备的安装

7.1.5 地上、地下水泵结合器的安装

7.2 自动喷水灭火设备安装

7.2.1 自动喷水灭火系统安装图的识读

7.2.2 自动喷水灭火系统安装基本要求的确认

7.2.3 自动喷水灭火系统管道及支、吊架的安装

7.2.4 喷头、报警阀、水流指示器、减压孔板等组件的安装

7.3 其他灭火系统介绍

7.3.1 水喷雾灭火系统介绍

7.3.2 泡沫灭火系统介绍

7.3.3 气体灭火系统介绍

7.3.4 蒸汽灭火系统介绍

7.3.5 消防炮灭火系统介绍

模块 4 室外给水排水管道施工

1 管道开槽施工

1.1 管道开槽施工前准备

1.1.1 室外给水排水管道施工图的识读

1.1.2 施工方案的编制
1.1.3 室外给水与排水管道施工预算

1.2 施工测量

1.2.1 测量放线
1.2.2 临时水准点的测设
1.2.3 施工标志的测设

1.3 沟槽开挖

1.3.1 沟槽开挖断面形式的选择
1.3.2 沟槽开挖的指挥
1.3.3 沟槽开挖的安全和质量控制

1.4 沟槽支撑

1.4.1 支撑种类的选择
1.4.2 沟槽支撑的施工
1.4.3 沟槽支撑安全和质量的控制

1.5 沟槽排水

1.5.1 排水方式的选择
1.5.2 集水井排水施工
1.5.3 轻型井点降水施工
1.5.4 施工排水安全和质量的控制

1.6 沟槽基础

1.6.1 基础施工
1.6.2 基础施工质量的控制

1.7 压力管道安装

1.7.1 柔性承插接口铸铁管安装
1.7.2 给水承插接口硬聚氯乙烯管安装
1.7.3 高密度聚乙烯管道安装

1.8 重力管道安装

1.8.1 钢筋混凝土管安装
1.8.2 承插接口塑料管安装

1.9 附属构筑物施工

1.9.1 阀门井施工
1.9.2 雨水口施工
1.9.3 检查井的施工

1.10 管道开槽质量检查

1.10.1 外观检查
1.10.2 断面检查
1.10.3 压力管道水压试验
1.10.4 重力管道闭水试验

1.11 沟槽回填

1.11.1 沟槽回填
1.11.2 沟槽回填质量控制

1.12 支撑和井点设备拆除

1.12.1 支撑和井点设备的拆除
1.12.2 支撑拆除的安全和质量控制

1.13 竣工验收

1.13.1 会同有关部门进行竣工验收
1.13.2 竣工验收资料的收集
1.13.3 竣工图的绘制

2 顶管施工

2.1 施工技术准备

2.1.1 顶管管线施工图的识读
2.1.2 顶管施工组织设计（方案）的编制
2.1.3 顶管工程施工的预算

2.2 工作井和接收井的施工

2.2.1 工作井和接收井的合理选位
2.2.2 工作井和接收井的构筑
2.2.3 工作井的合理布置

2.2.4 工作井后座的受力分析

2.3 顶管设备安装

2.3.1 主顶设备安装
2.3.2 基坑导轨安装
2.3.3 后靠安装
2.3.4 起重设备安装
2.3.5 注浆润滑设备安装
2.3.6 出土设备安装

2.4 顶管连接

2.4.1 企口管的连接
2.4.2 F形钢筋混凝土管的连接
2.4.3 玻璃钢夹砂管的连接

2.5 顶管机操作

2.5.1 手掘式顶管操作
2.5.2 泥水平衡式顶管操作
2.5.3 土压平衡式顶管操作

2.6 顶管施工质量检查与验收

2.6.1 顶管施工过程中的质量检查与控制
2.6.2 施工工程竣工图的绘制
2.6.3 工程验收技术资料的收集、整理和提交

2.7 小口径管道机械化连续施工技术

2.7.1 小口径水平定向钻施工方案的编制
2.7.2 定向钻铺管钻机设备的选择和正确操作
2.7.3 定向钻铺管施工常见问题的正确处理
2.7.4 定向钻铺管施工的质量检查与验收

模块 5 泵站操作

1 泵站电气操作

1.1 泵站供、配电

1.1.1 电力系统一次接线图的识读
1.1.2 电力系统中性点接地方式的选择
1.1.3 电力系统短路故障的分析与排除
1.1.4 中、小型泵站一次线路的倒闸顺序操作

1.2 高低压电器及配电设备

1.2.1 低压配电设备性能和操作的识别
1.2.2 高压配电设备性能和操作的识别

1.3 继电保护

1.3.1 泵站继电保护系统结构的识读
1.3.2 被保护设备与继电保护动作关系的辨别

1.4 变压器和互感器的运行

1.4.1 变压器及互感器的结构与原理的掌握
1.4.2 按变压器及互感器操作规程操作
1.4.3 变压器及互感器运行故障的分析与排除

1.5 三相异步电动机的运行与控制

1.5.1 三相异步电动机铭牌参数的确定
1.5.2 电动机定子绕组的接线方式的选择
1.5.3 电动机控制线路图的识读
1.5.4 三相异步电动机的运行规程的掌握

1.6 电气设备工作的安全措施

1.6.1 组织措施的执行
1.6.2 技术措施的实施

2 泵站的运行操作

2.1 泵站的管理

2.1.1 泵站各项管理制度的全面了解
2.1.2 泵站的用电安全操作
2.1.3 泵站的防毒安全操作

2.2 水泵机组运行操作

2.2.1 水泵机组运行前各项指标的检查和操作
2.2.2 水泵机组的启动操作
2.2.3 水泵机组运行的巡视与检查
2.2.4 水泵机组的停机操作
2.2.5 水泵机组停机后各项指标的检查和操作

2.3 水泵机组运行统计及指标

2.3.1 泵站日常操作的统计和报表
2.3.2 泵机设备正常运转率指标的计算

2.4 泵站设施与设备管理

2.4.1 泵站工艺图的识读
2.4.2 泵站各单元设施的操作
2.4.3 泵站设备的保养
2.4.4 泵站设备的日常检查
2.4.5 泵机设备的维修与验收

2.5 给水泵站（中途加压泵站）的补充加氯设备与管理

2.5.1 给水泵站（中途加压泵站）中加氯的作用与系统组成
2.5.2 加氯设备的操作
2.5.3 加氯设备的保养与日常检查
2.5.4 加氯间的安全管理及异常情况处理

第2部分

给水与排水专业教师教学能力标准

1 课程设计

1.1 专业设置分析

1.1.1 职业面向分析

1.1.1.1 就业范围分析

1.1.1.2 专业岗位群分析

1.1.2 可行性分析

1.1.2.1 人才需求分析

1.1.2.2 办学条件分析

1.1.2.3 办学经济分析

1.2 确定课程培养目标

1.2.1 确定基本素质目标

1.2.1.1 确定政治目标

1.2.1.2 确定职业道德目标

1.2.1.3 确定身心素质目标

1.2.1.4 确定法律意识目标

1.2.1.5 确定人文素质目标

1.2.2 确定通用能力目标

1.2.2.1 交流能力

1.2.2.2 数字应用能力

1.2.2.3 运用信息技术能力

1.2.2.4 团队协作能力

1.2.2.5 解决问题能力

1.2.2.6 学习与自我管理能力

1.2.3 确定给水与排水专业能力目标

1.2.3.1 参加本专业能力分析研讨

1.2.3.2 整理专业能力分析图表

1.2.3.3 提炼专业能力目标

1.3 筛选课程内容

1.3.1 基本素质内容分析

1.3.2 通用能力内容分析

1.3.3 给水与排水专业能力内容分析

1.4 组织给水与排水专业课程内容

1.4.1 组织专业核心课内容

1.4.2 组织专业方向课内容

1.5 编写本专业课程大纲

1.5.1 确定本专业课程的性质与任务

1.5.2 确定本专业课程能力培养目标

1.5.3 确定本专业课程的教学内容、要求及课时

1.5.4 说明专业课程大纲实施教学的条件及建议

2 制定授课计划

2.1 解读本专业培养方案

2.1.1 明确本专业培养目标

2.1.1.1 明确本专业职业道德目标

2.1.1.2 明确本专业职业能力目标

2.1.1.3 明确本专业方法能力目标

2.1.1.4 明确本专业社会能力目标

2.2 解读专业课程教学大纲

2.2.1 明确专业课程地位和作用

2.2.1.1 明确专业课程性质

2.2.1.2 明确专业课程专业地位

2.2.2 明确专业课程的教学目标

2.2.2.1 明确专业课程的知识目标

2.2.2.2 明确专业课程的实践能力目标

2.2.2.3 明确专业课程的态度目标

2.3 解读职业资格标准

2.3.1 解读给水排水管道施工方向职业资格标准

2.3.1.1 解读管道工的国家职业资格标准

2.3.1.2 解读给水排水工程施工员、造价员、绘图员、测量员、质量员的岗位要求

2.3.2 解读给水排水处理与运行方向职业资格标准

2.3.2.1 解读废水处理工的国家职业资格标准

2.3.2.2 明确水质检验工、泵站操作工、净水工等岗位要求

2.4 分析学情

2.4.1 分析学生知识背景

2.4.1.1 分析学生原有的学习环境

2.4.1.2 分析学生原有的学习方法

2.4.1.3 分析学生原有的知识水平

2.4.2 分析学生心智特征

2.4.2.1 分析学生的年龄特征

2.4.2.2 分析学生的思维特征

2.4.2.3 分析学生的心理特征

2.5 分析教材

2.5.1 分析教材编写背景

2.5.1.1 分析教材编写意图

2.5.1.2 分析教材编写特点

2.5.2 分析教材结构

2.5.2.1 分析教材知识体系结构

2.5.2.2 分析技能训练结构

2.5.2.3 分析教材的重点与难点

2.6 选择教学资源

2.6.1 选择教学资料

2.6.1.1 选择课程教材

2.6.1.2　选择教学辅助资料

2.6.2　选择教学场所

2.6.2.1　选择相应课程课堂教学及试验场所

2.6.2.2　选择相应课程实训及参观实践场所

2.6.3　选择教学设备

2.6.3.1　选择相应课程教学工具和教学仪器

2.6.3.2　选择相应课程多媒体电化教学设备

2.6.4　选择专业课程教学技术

2.6.4.1　选择相应课程教学课件、图片、录像等现代信息技术

2.6.4.2　选择相应课程网络教学技术

2.7　确定教学进度

2.7.1　确定专业课程教学目标

2.7.1.1　确定课程的知识目标

2.7.1.2　确定课程的技能目标

2.7.1.3　确定课程的态度目标

2.7.2　确定课程教授计划

2.7.2.1　合理安排教学进度

2.7.2.2　确定每次课教学任务、内容及教学形式、课后作业

3　设计教案

3.1　明确教学目标

3.1.1　明确知识目标

3.1.1.1　明确概念化知识目标

3.1.1.2　明确理解、应用等知识目标

3.1.2　明确技能目标

3.1.2.1　明确知觉、模仿、熟练掌握等动作技能目标

3.1.2.2　明确能获取、适应、实施、达成等综合技能目标

3.1.3　明确态度目标

3.1.3.1　明确学生对课程学习的态度

3.1.3.2　明确学生对课程所涉及的职业岗位的态度

3.1.3.3　明确学生对自我的态度

3.1.3.4　明确学生对他人的态度

3.2 分析职业活动的特点

3.2.1 分析职业活动的环境特点

3.2.1.1 分析职业场所

3.2.1.2 分析职业活动设施及人员等相关因素

3.2.2 分析职业活动的工作要求

3.2.2.1 分析职业活动的技能要求

3.2.2.2 分析职业活动的知识要求

3.2.2.3 分析职业活动的素养要求

3.3 分析学习者

3.3.1 分析学习者一般特征

3.3.1.1 分析学生的生理特征

3.3.1.2 分析学生的心理特征

3.3.1.3 分析学生的社会特征

3.3.2 分析学习者起点能力

3.3.2.1 分析起点知识

3.3.2.2 分析起点技能

3.3.2.3 分析起点态度

3.3.3 分析学习者学习风格

3.3.3.1 分析认知风格

3.3.3.2 分析情感风格

3.3.3.3 分析意向风格

3.4 确定重点、难点

3.4.1 确定知识的重点、难点

3.4.2 确定技能的重点、难点

3.5 确定学习载体

3.5.1 根据专业领域，确定各专业项目

3.5.2 根据专业课程内容，确定各项工作任务

3.6 落实企业教学

3.6.1 制定企业教学计划（根据工程进程或水处理企业的运行状况）

3.6.1.1 确定企业教学时间

3.6.1.2 明确企业教学的实践内容和要求

3.6.1.3 明确企业教学与课堂教学的衔接

3.6.1.4 明确企业教学的考核要求

3.6.2 实施企业教学

3.6.2.1 确定企业教学实践指导教师

3.6.2.2 检查学生的理论知识、操作方法、操作技能等情况

3.6.2.3 指导学生正确操作

3.6.2.4 考核学生的实训结果

3.7 确定教学策略

3.7.1 确定教学程序

3.7.2 确定教学形式

3.7.3 设计教学情景

3.7.4 选用教学方法

3.7.5 选用教学手段

3.8 教学评价设计

3.8.1 知识目标评价设计

3.8.2 技能目标评价设计

3.8.3 态度目标评价设计

4 教学准备

4.1 准备教学资源

4.1.1 准备人力资源（师资和学生）

4.1.2 准备教学设施、设备资源（如多媒体设备等）

4.1.3 准备教材资源

4.1.4 准备教学媒体资源

4.2 准备教辅材料

4.2.1 准备参考书、练习册等

4.2.2 准备工作页等学习材料

4.3 布置教学情境

4.3.1 布置教学硬环境

4.3.1.1 布置教室的背景和摆设

4.3.1.2 布置实训室的设备和工具

4.3.2 布置教学软环境

4.3.2.1 进行教学场所的文化建设和温馨布置，创设和谐的课堂教学氛围

4.3.2.2 改进教学方法，加强师生之间的交流与互动，创建良好的师生关系

4.4 准备教具

4.4.1 准备教学模型、挂图、多媒体等

4.4.2 准备多媒体教学仪器和设备

4.4.3 准备实训教学的原材料、仪器设备和工具

5 实施教学

5.1 导入新课

5.1.1 激趣导入

5.1.1.1 针对性导入

5.1.1.2 启发性导入

5.1.1.3 互动性导入

5.1.1.4 趣味性导入

5.1.2 情景导入

5.1.2.1 操作演示导入新课

5.1.2.2 创设情景导入新课

5.2 布置学习任务

5.2.1 明确学习目标

5.2.1.1 明确知识学习目标

5.2.1.2 明确技能学习目标

5.2.1.3 明确态度学习目标

5.2.2 布置学习内容和形式

5.2.2.1 简要学习内容、要点、难点、学习资料

5.2.2.2 简要学习规则和程序

5.2.2.3 组织和指导学习活动

5.3 处理突发事件

5.3.1 突发事件预案

5.3.1.1 预料可能发生的突发事件

5.3.1.2 制定一般突发事件的处理预案

5.3.2 处理突发事件

5.3.2.1 按预案冷静处理突发事件

5.3.2.2 处理突发事件讲究艺术和方法

5.3.2.3 及时调整教学策略

5.4 指导学生自评、互评

5.4.1 明确评价规则、内容和要求

5.4.2 指导学生自评、互评

6 教学评价

6.1 课后反思

6.1.1 总结教学成功之处

6.1.1.1 回顾教学过程总结教学亮点

6.1.1.2 总结课堂教学意外获得

6.1.2 总结教学不足之处

6.1.2.1 反思课堂教学组织、教学内容、教学方法、授课计划

6.1.2.2 分析教学过程中出现的问题

6.1.2.3 提出改进办法

6.2 确定评价内容

6.2.1 对静态的教学要素的评价

6.2.1.1 教学目标

6.2.1.2 教学内容

6.2.1.3 教学方法

6.2.2 对动态的教学环节的评价（整个教学过程）

6.2.2.1 授课计划

6.2.2.2 教案设计

6.2.2.3 教学组织

6.2.2.4 教学效果

6.3 确定评价标准

6.3.1 确定评价指标

6.3.2 确定评价指标要求及权重

6.3.3 确定评价指标达到度

6.4 确定评价方式、方法

6.4.1 选择评价方式
6.4.2 选择评价方法
6.4.3 确定评价工具

6.5 评价组织与实施

6.5.1 建立评价人员组成
6.5.2 根据评价标准实施评价

6.6 评价分析

6.6.1 分析教学评价结果
6.6.2 提出解决问题的方法和建议
6.6.3 反馈评价分析结果

6.7 反馈调整

6.7.1 调整教案设计
6.7.2 调整授课计划
6.7.3 调整课程计划

7 教学指导

7.1 上示范课

7.1.1 明确示范课的示范目标
　　7.1.1.1 示范先进的教学理念
　　7.1.1.2 示范良好的教学设计
　　7.1.1.3 示范良好的课堂教学效果
　　7.1.1.4 示范教师的基本素养和专业素养
7.1.2 准备示范课
　　7.1.2.1 设计示范课教案
　　7.1.2.2 教学课场所、教具准备
7.1.3 示范教学
　　7.1.3.1 有效组织示范教学活动
　　7.1.3.2 体现良好的示范效果

7.2 说课

7.2.1 介绍本次课题

7.2.1.1 说明本课程的地位与作用

7.2.1.2 说明本课题在课程的地位与作用

7.2.1.3 说本课题教学目标及内容

7.2.1.4 说教材处理

7.2.2 说教法与教学手段

7.2.2.1 说明教学法选用的原因及教法效果

7.2.2.2 说明教学手段选用及其效果

7.2.2.3 说明重点与难点突破方法及途径

7.2.3 说教学程序设计

7.2.3.1 说明新课如何导入

7.2.3.2 说明新课学习过程

7.2.3.3 说明学习效果评价设计情况

7.2.3.4 说明教学体会

7.3 评课

7.3.1 明确评课标准

7.3.1.1 明确教学目标评价标准

7.3.1.2 明确教学程序评价标准

7.3.1.3 明确教学方法与手段评价标准

7.3.1.4 明确教学基本功评价标准

7.3.1.5 明确教学效果评价标准

7.3.1.6 明确教学特色评价标准

7.3.2 使用评课工具评课

7.3.2.1 评价各项内容

7.3.2.2 做出综合评价意见

7.3.2.3 提出改进意见

7.4 指导参赛

7.4.1 指导学生参加技能大赛

7.4.1.1 明确技能大赛的方案

7.4.1.2 制定指导计划和策略

7.4.1.3 实施技能指导

7.4.2 指导教师参加教学法比赛

7.4.2.1 明确教学法评比要求和标准

7.4.2.2 指导教师进行课堂教学设计

7.4.2.3 指导教师试讲并提出改进措施和方法

7.5 主持精品课建设

7.5.1 明确精品课内涵

7.5.1.1 明确精品课建设指导思想

7.5.1.2 明确精品课的意义和作用

7.5.1.3 明确精品课建设标准

7.5.2 制定精品课建设方案

7.5.2.1 确定精品课建设目标

7.5.2.2 确定精品课建设思路

7.5.2.3 确定精品课建设内容

7.5.2.4 确定精品课建设步骤

7.5.2.5 确定精品课建设保障条件

7.5.3 实施精品课建设

7.5.3.1 按方案内容、步骤实施建设精品课

7.5.3.2 控制精品课实施进度和质量

7.6 组织实习实训活动

7.6.1 联系实习企业，建立联合指导学生实习关系

7.6.2 与企业师傅一起共同制定学生实习活动目标、计划、评价方法

7.6.3 指导学生实习实训活动

7.6.4 检查学生实习实训活动

7.6.5 评价学生实习实训结果

7.7 指导青年教师

7.7.1 指导青年教师进行专业发展

7.7.1.1 传授青年教师现代职教理念

7.7.1.2 激发青年教师专业发展动机

7.7.1.3 指导青年教师提高职业教育教学能力

7.7.1.4 指导青年教师提高专业知识和实践操作能力

7.7.2 指导青年教师进行职业规划

7.7.2.1 指导青年教师制定职业发展目标

7.7.2.2 指导青年教师进修学习

8 教学研究

8.1 提出教研课题、立项

8.1.1 申报研究课题

8.1.1.1 提出研究课题

8.1.1.2 课题的可行性研究

8.1.2 制定课题研究方案

8.1.2.1 确定教学研究的思路

8.1.2.2 确定教学研究的方法

8.1.2.3 确定教学研究的实施方案

8.1.2.4 确定教学研究的人员分工

8.2 组织开展教研活动

8.2.1 确定教研活动形式（集体备课、听课、课例分析、课题研究等）

8.2.2 制定教研活动计划和方案

8.2.3 有效组织开展教研活动

8.2.4 总结教研活动

8.3 撰写研究报告

8.3.1 明确研究报告的基本要求和格式

8.3.2 拟定研究报告的提纲

8.3.3 明确研究报告的重点（研究方法、研究结果）

8.3.4 撰写研究报告

8.3.5 评定和修改研究报告

8.4 应用研究成果

8.4.1 制定研究成果应用的试点方案

8.4.1.1 明确研究成果应用的途径

8.4.1.2 确定研究成果应用的方法

8.4.1.3 研究成果应用的成效评价

8.4.2 推广应用研究成果

8.4.2.1 确定研究成果的推广途径

8.4.2.2 确定研究成果的推广研究成果所解决的问题

8.5 撰写论文

8.5.1 撰写教学研究论文

8.5.2 撰写专业论文

9 教学改革

9.1 现状调研与评价

9.1.1 调研给水与排水专业的市场

9.1.1.1 调研与分析相关行业、企业的现状及发展

9.1.1.2 调研与分析本专业相关岗位群

9.1.1.3 调研与分析本专业相关岗位资格证书

9.1.1.4 调研与分析本专业人才需求状况

9.1.2 调研给水与排水专业教学现状

9.1.2.1 调研与分析本专业教学区域分布状况

9.1.2.2 调研与分析专业招生与就业岗位分布情况

9.1.2.3 调研与分析专业教师基本情况

9.1.3 评价专业教学现状及存在的主要问题

9.2 提出教改方案

9.2.1 提出教学改革目的和依据

9.2.1.1 提出教学改革的必要性

9.2.1.2 提出该专业教学改革目的和依据

9.2.2 制定教学改革方案

9.2.2.1 确定教学改革目标

9.2.2.2 进行本专业能力调研和分析

9.2.2.3 重新设置专业课程

9.2.2.4 制定实施性专业教学计划

9.2.2.5 制定课程教学标准或大纲

9.3 组织实施教改方案

9.3.1 说明教学改革方案的原因和依据

9.3.2 按改革方案实施教学活动

9.4 评价教改效果

9.4.1 制定教改效果评价方案

9.4.1.1 确定教改效果评价的内容

9.4.1.2 确定教改效果评价的标准

9.4.1.3 选择教改效果评价的方法及工具

9.4.2 组织实施教改效果评价

9.4.2.1 组建教改效果评价小组

9.4.2.2 实施教改效果评价

9.4.2.3 撰写评价报告

给水与排水专业教师

培训方案

编写说明

一、本培训方案制订的目的

为达到"中等职业学校给水与排水专业教师教学能力标准"的指标要求，必须对中等职业学校给水与排水专业教师进行系统培训。通过培训，使教师在政治思想和职业道德、专业知识与专业技能、学术水平、教育教学能力和科研能力等方面的综合素质有显著提高；使之成为具有高素质、高水平，具有终身学习能力和教育创造能力，在教学实践中发挥示范作用的中等职业学校的"双师（能）型"专业骨干教师；能树立现代职业教育理念；了解给水与排水专业课程的教学改革方向，掌握相关给水与排水专业教学法和现代教育技术，形成能在给水与排水专业领域开展职业教育科学研究的能力；具备初步专业课程开发能力，在原有基础上获得高一级职业资格证书或专业技术资格证书；能进一步加强实践技能，了解水处理、给水与排水和环境保护等现代企业生产状况、技术水平、人才需求信息；熟悉这些企业的生产工艺流程和岗位操作规范，促进工学结合、校企合作的进一步开展。

为实现上述培训目标，制订"给水与排水专业教师培训方案"是十分重要而有现实意义的。

二、三层次受训者培训要求的确定

本培训方案主要适用于中等职业学校上岗、提高和骨干三个层级的专业教师培训。因此，我们在制订培训方案时，如何制订一个能与这三个不同层次的专业教师相适应的培训方案是至关重要的，其中确定出三个不同层次的培训要求是关键。经过课题组深入而仔细的调研，提出了如下培训要求：

上岗培训：学历达标，已获得教师资格证；刚从大学毕业，或从文化课和其他相近专业转岗的教师，并且未从事过本专业理论、实验实训教学。通过培训，专业教师应具有给水与排水专业现代职教理念，掌握现代教学手段和给水与排水专业课程中教师应有的实践操作技能；掌握给水与排水专业教学中的工作任务分析法，组织给水与排水专业课程内容的教学；并能指导给水与排水专业教学活动和评价。本培训以"适应性"为主线进行设计，以满足专业技能性和行业实践性的需要，主要采取集中理论讲座培训、分组讨论交流、专业技能培训、企业实践、集中观摩教学、跟踪指导等多种培训方式。

提高培训：已经是本专业的合格教师，希望通过培训，提高教育教学水平与能力，向骨干教师目标努力的教师。通过培训的专业教师能熟练应用工作任务分析法分析给水与排水专业领域内的相关问题；具有一定的给水与排水专业课程开发能力；能构建校企合作平台，指导上岗级教师教学方案的设计和实施；了解国内外建设类中等职业教育和给水与排水专业教学与实践的最新成果；有较强的专业教学、实践的能力和专业技术动手能力；具备相关领域拓展能力，并达到“双师”要求。本培训以“提高”为主线设计，强调专业化发展方向，以集中培训、个人研修、基地实习、集中研讨和企业实践相结合，采取讲授、讨论、专题讲座、基地实习、社会实践等培训形式。

骨干培训：已经是本专业带头人或骨干教师，通过培训能了解中等职业教育给水与排水专业学科领域的发展动向和最新成果，有较扎实的给水与排水专业知识和较高的专业学术水平；了解国内外中等职业学校给水与排水专业的教育科研动态；具有独立主持较高水平的中等职业教育给水与排水专业教育教学研究课题和新课程开发的能力；能在自己所在地区或学校的给水与排水专业教学改革中发挥带头和示范作用；具有参与国际中等职业教育给水与排水专业教育教学和科研交流的能力；达到“双教”（教学＋教研）型教师的要求，成为给水与排水专业学科带头人。本培训以“全面提升”为主线设计，以专业教学法和课程开发为主，以新知识与新技能为重点，采取集中培训、分组研讨、个人研修、企业实践为主，强化研讨环节，组织论坛类活动，催发创新思维，培养创新能力。

三、三层次受训者培训目标的确定

专业教师培训目标的制定主要是基于教师教学能力标准，课题组从三个不同层次的教学能力标准出发，原则上要求达到：

1. 上岗层级专业教师

初步了解职业教育本质特点，了解实际的职业及职业规章。

掌握基本教学技能，能在老教师的帮助下独立完成特定教学内容的教学。能基本把握课堂的节奏，独立应对课堂中出现的各种突发状况。

了解基本教学方法，掌握1～2种教学方法实施教学，能够应用基本的教学媒体。

培养基本的操作技能。

2. 提高层级专业教师

基本把握职业教育本质特点，理解职业教育与其他相关学科联系。

能根据需要选取教学内容，并独立保质保量完成教学活动。能够进行教学计划的具体设计、实施与评价以及教学资料、媒体、专业实验室及实训场所的分析应用。

理解专业教学法的内涵，掌握各种专业教学方法。

掌握职业分析方法，能够运用工作分析方法对具体岗位和工作过程进行分析；能够通过分析获取技术工人所需的知识、技能。

培养较熟练的操作技能。

3. 骨干层级专业教师

深刻把握职业教育本质特点，理解职业教育师资教学实践和职业工作实践的这种“双重”实践能力。

根据不同教学情境熟练地完成教学活动，善于把工作岗位及工作过程转换为学习环境，开拓学生在专业工作中学习的可能性；善于开发专业教学中的学习工作任务。

熟练运用工作分析方法，将岗位分析的结果归类重组并形成新的教学内容；系统地进行技术、工作以及职业教育过程的分析、组织与评价。

能够统筹总领课题项目研究、设计研究方案、控制研究过程、形成研究成果并推广实施。

培养高级别的操作技能。

四、三个层次受训者培训内容的确定

本培训方案的培训内容，主要以提高给水与排水专业教师的教学能力和专业技能为重点开展培训，更好地体现师范性、职业性原则。强调给水与排水专业教师在学会先进的给水与排水专业教育技术、教学方法、教学内容设计、教学活动组织、教学过程控制和表达演示等能力的同时，要加强教学改革中需要的特殊能力，如整体把握学科知识体系、方法和教学规律的能力，设计新课程、新内容的能力等，特别是培训教师能适应计算机辅助教学和远程教育的能力。将职业性原则贯穿于给水与排水专业师资培训的全过程，重视对受训教师的实际操作能力的培训。为此，在内容上分成了教育和专业两大类。教育类主要设置了五大模块，即职业道德、职业教育学、现代教育技术应用、职业教育心理学等。专业类模块中除了职业发展与劳动组织分析、新知识讲座外，本培训方案中，还设置了水处理方向和工程施工方向两大专业性很强的技能性内容。其培训项目如水处理方向的考证培训，如：废水处理工、净水工、水质检验工、污水化验检测工、污泥处理工、泵站操作工。工程施工方向的考证培训，如：管道工、土建CAD绘图员、给排水工程施工员、供水管道工、下水道工、顶管操作工等。培训课程设置也采用可选择的模块化培训课程。

本培训方案从内容的形式上采用模块化培训方式，满足了来自学校、企业等不同情况受训人员的需求。同时，针对不同受训对象安排不同场所进行培训。本培训方案是《中等职业学校给水与排水专业教师培养培训方案、课程和教材开发项目》中的子课题，上海市环境学校主要承担了本培训方案的制订与开发。方案编制过程中，课题组开展了深入的专题研究，进行了针对相关职校、企业、行业的广泛调查，充分征求和听取了全国各地中等职业学校给水与排水专业培训专家的建议，并借鉴和吸收了国内外许多成功经验。

由同济大学负责，上海市城市建设工程学校、上海市环境学校、上海城市投资污水处理公司、苏州科技学院、广州大学市政技术学院等单位共同参加的《中等职业学校给水与排水专业教师培养培训方案、课程和教材开发项目》，上海市环境学校马志宏、陈建昌、池如龙主要承担了《给水与排水专业教师培训方案》的制订与开发。同济大学岳梦、罗琳琳参与了方案的调研与编制。在编制“方案”过程中，课题组开展了专题研究，进行了针对相关职校、企业、行业的广泛调查，充分征求和听取了全国各地中等职业学校给水与排水专业教学专家的建议，并借鉴和吸收了国内外许多成功经验。

目 录

1. 培训模块含义及形成的解读（见表 1）

给水与排水专业教师培训模块解读　　表 1

培训类型	上岗层级专业教师培训	提高层级专业教师培训	骨干层级专业教师培训
培训对象	新上岗教师	本专业的合格教师	本专业带头人或教学骨干
培训目标（应达到的能力标准）	上岗层级教师教学能力要求	提高层级教师教学能力要求	骨干层级教师教学能力要求
教学能力标准要求的内容	第N1i模块	第N2i模块	第N3i模块
实践能力标准要求的内容(职业技能证书)	第M1j模块	第M2j模块	第M3j模块
培训模式/方式(可选择)	预设式、综合性、课程式、集中式为主（基地培训、本校培训）	应答式、单项性、课程式、分散/集中参半式为主（基地培训、本校培训）	预设式、综合性、研讨式、集中式为主（基地培训）

2. 给水与排水专业上岗层级专业教师培训方案（见表 2）

上岗层级专业教师培训方案　　表 2

培训模块＼模块要素		内容	学时	形 式	代码
教育类	职业道德培训模块	教育和职业教育法律法规、政策、职业道德 1 法律法规与政策 1.1职业教育相关的法律、法规、政策 1.2教师相关职业教育的法律法规 2 职业道德 2.1教师的岗位职责及角色人物 2.2教师职业中经常产生的职业道德问题 2.3教师相关的职业道德	6	专题讲座	N13
	职业教育学培训模块	理解先进国家的职教发展状况及建立以就业为导向、以能力为本位，进行任务引领课程、做学一体化教学的现代职教理念 1 现代职业教育原理 1.1职业教育的本质新探 1.2职业教育与社会、经济发展 1.3我国职业教育体系建设 2 职业教育教学理论的新进展与应用 2.1职业能力及相应理论 2.2职业教育的教学理论与实践（学习动机激发理论、范例教学理论、任务引领型教学理论等）	12	专题讲座	N11

续表

培训模块 \ 模块要素		内容	学时	形式	代码
教育类	现代教育技术应用培训模块	了解计算机操作系统及应用及文字处理软件及应用，多媒体课件制作基础 1 系统操作 1.1操作基本程序 1.2管理文件 1.3输入汉字 2 办公软件应用 2.1使用Word处理教案及日常资料 2.2使用Powerpoint制作电子课件 2.3使用Excel建立资料数据库 3 网络应用 3.1浏览网页 3.2下载、上传文件 4 多媒体使用 4.1使用多媒体设计电子课件	24	实训	N13
	专业教学法培训模块	给水与排水专业教学法，专业教学法的理解与应用 1 给水与排水专业现状和发展前景 1.1给水与排水专业技术应用领域 1.2给水与排水专业的工艺、方法、流程、产品 1.3给水与排水专业中等职业人才的典型职业工作 1.4给水与排水专业中等职业人才的能力要求 2 给水与排水专业的学生特点分析 2.1职校给水与排水专业学生智力和认知加工特点 2.2职校给水与排水专业学生的非智力因素特点 3 给水与排水专业的教学内容和教材分析 3.1给水与排水专业典型职业任务分析和教学目标 3.2给水与排水专业教学重点内容选择 3.3给水与排水专业教学内容的组织	30	案例	N14
	职业教育心理学培训模块	掌握运用教育学、心理学、教育心理学及相关学科理论知识从事教育、教学、科研、人际交往等职业活动的方法 1 教育心理 1.1职业学校教育心理知识 1.2职业学校教师教育心理特点 1.3职业学校学生心理特点 1.4给水与排水专业相关人员心理特点 2 教育心理的运用 2.1运用教法目标 2.2教法 2.3指导学法 2.4心理学相关知识运用	6	理论与案例	N15 N13 N12

续表

培训模块		内容	学时	形式	代码
专业类	职业发展与劳动组织分析培训模块	给水排水行业发展历史、行业技术的现状、行业发展趋势和人才需求给水排水行业主要岗位劳动过程、生产组织形式 了解行业相关企业（污水厂、自来水厂、排水公司、给水排水施工企业）主要工作岗位分布、工作要求、工作内容	12	现场调研	N13
	系列专业“四新”讲座培训模块	了解给水排水行业“四新”内容 1 规划设计新理念 2 施工管理新技术 3 处理工艺新方法 4 生产经营新动态	6	讲座与参观	N19
	系列专业核心课程(含技能)培训模块	1 给水排水工程相关理论 2 给水排水工程图识读 3 计算机绘图（CAD制图） 4 废水处理工（中级）技能培训	60	实训	N12 (M11)
	企业实践培训模块	相关中小企业考察与岗位实训	24	参观	M12
	合计		180	90学分	

3. 给水与排水专业提高层级专业教师培训方案（见表3）

提高层级专业教师培训方案 表3

培训模块		内 容	学时	形式	代码
教育类	职业道德培训模块	教育和职业教育法律法规、政策、职业道德 1 职业学校教师职业道德 1.1教师职业活动中常见的矛盾和问题及解决方法 1.2国家职业教育政策、法律法规 1.3中等职业学校教师职业道德法规 2 如何指导初中级教师遵守职业学校教师职业道德 2.1指导初中级教师学习职业教育相关政策、法律法规、行业规章，践行职业道德 2.2初中级教师践行职业道德评价 3 如何践行给水排水行业职业道德 3.1给水排水行业职业道德关系 3.2给水排水行业职业道德常见问题及处理方法 3.3给水排水行业的职业道德规范	6	专题讲座	N21
	职业教育学培训模块	理解与应用以就业为导向、以能力为本位，进行任务引领课程、做学一体化教学的现代职教理念 1 任务引领型教育原理的前沿理论进展与发展趋势 1.1任务引领型教育理论发展探讨 1.2任务引领型教育的实践困惑与出路 2 任务引领型教育实践问题专题探讨 2.1任务引领型教育实践状况研读 2.2任务引领型教育实践问题的解决策略	12	专题讲座	N22

续表

培训模块 \ 模块要素		内容	学时	形式	代码
教育类	现代教育技术应用培训模块	应用计算机及网络资源辅助教学 1 具备在网上获取信息、传输、处理和应用信息技术手段的能力 2 掌握多媒体课件的制作方法 3 常用专业软件在专业课程教学的应用	18	实训	N23
	专业教学法培训模块	专业教学法特点与应用 1 专业教学特点分析 1.1给水与排水专业的教学设计和教学技能 1.2给水与排水专业的教学媒体与环境创设 2 专业教学方法应用与提高 2.1任务引领型教学法 2.2案例分析法 2.3角色扮演法 2.4模拟教学法 2.5卡片展示法	24	案例与实践	N24
	职业教育心理学培训模块	掌握灵活运用教育学、心理学、教育心理学及相关学科理论知识从事教育、教学、科研、人际交往等职业活动的方法 1 指导学生理解和运用心理学知识 1.1教学中融入心理学内容 1.2指导学生在社会实践中运用心理学知识 1.3评价学生理解和运用心理学知识的表现 2 心理健康 2.1解决自身心理健康问题 2.2解决给水与排水专业学生的心理问题	12	理论与案例	N25
专业类	职业发展与劳动组织分析培训模块	给水排水行业主要岗位劳动过程和生产组织分析，确立专业教学重点课程、专门化方向 行业相关企业（污水厂、自来水厂、排水公司、给水排水施工企业）主要工作岗位技能要求、岗位关键技能的分析，企业调研与职业分析	12	现场调研	N26
	系列专业“四新”讲座培训模块	以给水排水行业“四新”发展指导专业教学 1 规划设计新理念 2 施工管理新技术 3 处理工艺新方法 4 生产经营新动态	6	讲座与参观	N27
	系列专业核心课程(含技能)培训模块	1 水质检验（化学需氧量、生化需氧量、氨氮、耗氧量、总磷、悬浮物等） 2 泵站操作工（中级）或废水处理工（高级）技能培训	40	实训	N28 (M21)
	企业实践培训模块	校企合作的组织和联系，大中型企业考察与岗位实训	30	参观	M22
合计			160	80学分	

4. 给水与排水专业骨干层级专业教师培训方案（见表 4）

骨干层级专业教师培训方案 表 4

培训模块 \ 模块要素		内容	学时	形式	代码
教育类	职业道德培训模块	教育和职业教育法律法规、政策、职业道德 1 指导学生理解和践行给水排水行业职业道德 1.1在教学中实施给水排水职业道德和法律法规教育 1.2在社会实践中指导学生履行给水排水职业道德和法律法规 1.3指导学生解决在履行给水排水职业道德中产生的问题 1.4评价学生的给水排水职业道德表现 2 指导初中级教师对学生进行给水与排水行业职业道德教育 2.1指导初中级教师对学生进行职业道德教育 2.2指导初中级教师评价学生职业道德表现	6	专题讲座	N31
	职业教育学培训模块	指导中青年教师在职教实践中应用与发展现代职教理念，能以带教和开设讲座的形式传授现代职教理念、组织其他教师进行职业教学研究活动 1 职业教育理论创新与发展 1.1职业教育最新理论动态 1.2职业教育实践模式创新带来的理论变革 1.3我国职业教育政策制度转变 2 职业教育学校管理理论与现实困惑研究 2.1职业教育学校管理理论创新 2.2职业教育学校管理困境与对策 2.3职业学校学生管理 3 职业教育中的产学合作	6	专题讲座	N32
	现代教育技术应用培训模块	专业软件在专业课程教学的应用，仿真软件基础开发应用，以及专业多媒体课件的制作与开发 1 图形处理软件 1.1 Photoshop的使用 1.2 ACD see的使用 2 网络安全 2.1常见杀毒软件 2.2杀毒软件的使用 3 给水与排水专业仿真软件应用 3.1给水与排水专业的仿真软件开发 3.2给水与排水专业的仿真软件在教学中的应用 4 多媒体使用 4.1使用多媒体创新设计电子课件	12	实训	N33
	专业教学法培训模块	1 专业教学法的应用与研究 2 示范与案例分析 3 组织课程开发实训	24	案例	N34

续表

培训模块 \ 模块要素		内容	学时	形式	代码
教育类	职业教育心理学培训模块	掌握运用教育学、心理学、教育心理学及相关学科理论知识从事教育、教学、科研、人际交往等职业活动的方法，并能对其他教师及学生进行心理指导 1 指导初中级教师运用教育心理知识 1.1指导初中级教师学习及运用教育心理知识 1.2评价初中级教师运用教育心理知识情况 2 指导初中级教师对学生进行给水排水行业心理学知识教育 2.1指导初中级教师对学生进行心理学知识教育 2.2指导初中级教师评价学生学习及运用心理知识表现 3 心理健康 3.1指导初中级教师调适心理健康 3.2指导初中级教师疏导给水与排水专业学生的心理问题	12	理论与案例	N35
专业类	职业发展与劳动组织分析培训模块	1 给水排水行业现状，发展趋势和人才需求分析和预测 2 劳动过程和生产组织分析，组织专业教学课程调整、教材和实训项目开发 3 掌握行业相关企业主要工作岗位技能要求、岗位关键技能的分析的基础上，进行做学一体化技能实训项目开发和专业课程开发	6	现场调研	N36
	系列专业“四新”讲座培训模块	给水与排水行业“四新”内容与专业教学课程调整的专题研究 1 规划设计新理念 2 施工管理新技术 3 处理工艺新方法 4 生产经营新动态	12	讲座与参观	N37
	系列专业核心课程(含技能)培训模块	1 废水处理工（技师）技能培训 2 废水处理实训项目开发研究 3 排水工程施工员和顶管操作工（高级） 4 给水排水工程施工实训项目开发研究	42	实训	N38 (M31)
	企业实践培训模块	企业调研与职业分析研究，特色企业或创新型企业考察与挂职锻炼	20	参观	M32
合计			140	70学分	

注：1. 理论教学日为6课时，1个实践实训日为8课时。1个理论教学周为30课时，1个实践实训周为40课时。

2. 培训前应做好培训设施和设备准备，如基础化学实验室、水环境监测实训室、水处理实训室、管道实验室、管道安装与施工实训室及相关设备等。

(3) 理论培训师资主要来自国内外资深大学教授、实训培训师资主要来自国内外企业的技术骨干、专家。

(4) 论文撰写均为课余时间完成，未计入总培训课时。

(5) 行业实践内含给水与排水行业实践和职业教育行业实践两部分内容。

(6) 中等职业学校给水与排水专业师资培训教学法主要有分组研讨与交流、讲座与案例、示范与试讲、参观考察与论文撰写、情景模拟等各种方法，详细部分参见《中等职业学校给水与排水专业教师培养培训教学法》。

(7) 相关行业协会主要有给水排水行业协会、供水行业协会、排水行业协会、土木协会、非开挖协会、住房和城乡建设部中等职业学校给水与排水专业指导委员会等。

(8) 培训后的考核是必须的，一般应包含以下几部分（见附录中的考核细则）：

a. 理论知识与专业技能；b. 企业实践活动；c. 教案与试讲；d. 教学研究；e. 平时作业与出勤

(9) 要注意培训方法的选择，先进的教学方法和现代化的教育手段对提高职教师资培训质量具有非常重要的作用。在培训方案的开发中，考虑了现代教学方法在培训实施过程中的应用，例如采用项目教学法、实验教学法、案例教学法等；并通过多媒体技术的应用、虚拟实验技术的引入、虚拟工作环境的建立，为给水与排水专业职教师资的专业培训创设新的学习情景。

(10) 给水与排水专业划分为两个专门化方向，即水处理方向和给水与排水工程管道施工方向。两个方向相对应的工作岗位群见表5。

给水与排水专业岗位群 表5

水处理方向			管道施工方向		
序号	工 种	职业资格颁证部门	序号	工 种	职业资格颁证部门
1	废水处理工	劳动与社会保障部门	1	管道工	劳动与社会保障部门
2	泵站操作工	劳动与社会保障部门	2	土建CAD绘图员	劳动与社会保障部门
3	净水工	城市供水行业协会	3	给水排水工程施工员（资料员、造价员、监理员等）	建筑行业协会
4	水质检验工	城市供水行业协会	4	供水管道工	城市供水行业协会
5	污水化验检测工	市政工程行业协会	5	下水道工	市政工程行业协会
6	污泥处理工	市政工程行业协会	6	顶管操作工	市政工程行业协会

附录 1

给水与排水专业教师培训考核细则

一、组织管理

给水与排水专业教师培训结业考核由培训办公室统一安排，具体负责组织实施。

首先要成立“中等职业学校给水与排水专业教师培训基地考核小组”，考核小组由培训基地领导、专业理论和技能课主讲教师、班主任、学员代表等5-7人组成，其中高级职称教师不少于3名。

二、考核内容及相关要求

培训学员培训结束后需要递交教案及教学课件、企业实践报告、技能等级证书、教学研究论文五项成果。结业成绩考核内容包括讲座与理论课、专业知识与技能训练、企业实践活动、教学教案与试讲、教学研究论文、平时成绩6部分。各部分均采用百分制，总成绩取以上6部分的平均分。

三、考核标准及考核办法

1. 讲座与理论课

主要考核学员理论教学和整个培训过程中自学环节的学习情况。考核项目及标准见表6。

给水与排水专业讲座和理论课学习情况考核表　　表6

项目	分值	评分参考标准
听课笔记	30	30～20分：记录完整，内容丰富，书写整齐
		19～10分：记录较完整，内容充实
		9～5分：内容缺少较多
读书笔记和心得体会	40	40～30分：能够树立以就业为导向的职业教育教学观，对职业教育教学特点、教学规律、教学内容、教学方法等教学改革认识深刻，密切结合专业特点提出课程开发新思路，有创新之处，见解独到
		29～20分：能够树立以就业为导向的职业教育教学观，对职业教育教学特点、教学规律、教学内容、教学方法等教学改革有一定认识，结合专业特点提出课程开发新思路
		19～10分：缺少读书笔记或较少联系教学实际，对所学内容思考总结不认真，没有教学改革努力的方向
学习表现	30	30～25分：学习态度认真，遵守纪律，全勤
		24～18分：学习态度尚好，缺勤1天
		17～5分：学习态度尚可，缺勤2天

2．专业知识与技能训练

专业知识与专业技能训练考核两部分各占50%。

(1) 专业知识考核：理论考试采用开卷方式进行考试，试卷包含题型不定，满分100分。

(2) 技能训练考核：专业技能训练考核满分100分，具体的技能考核标准见表7。

给水与排水专业技能训练考核分标准　　表7

项目	分值	评分参考标准
水处理方向实训项目（废水处理、净水、水质检验、污水化验检测、污泥处理、泵站操作等）	80	10～30分：能操作但质量较差
		30～50分：能基本掌握操作技能，作品质量一般
		50～70分：能较熟练掌握操作技能，作品质量较高
		70～80分：能熟练掌握操作技能，作品质量高
管道工程施工方向实训项目（管道、土建CAD绘图、给水排水工程施工、供水管道、下水道、顶管操作等）	80	10～30分：能操作但质量较差
		30～50分：能基本掌握操作技能，作品质量一般
		50～70分：能较熟练掌握操作技能，作品质量较高
		70～80分：能熟练掌握操作技能，作品质量高
实训表现	20	0～10分：基本遵守实训纪律，实训态度基本认真
		10～20分：遵守实训纪律，实训态度认真，与组内成员合作密切

注：培训教师的技能训练考核一般只需在两个技能训练项目中选择一项。

3．企业实践活动

根据企业实践活动的安排，分企业观摩考察和生产岗位实践（企业岗位培训）两个环节。考核分三项内容，即企业观摩考察报告、企业生产岗位实践报告、学员实践活动的综合表现，学员企业实践报告、实践表现各占一定的比例。企业实践考核标准见表8，根据学员企业实践报告及学员企业实践活动的综合表现给出成绩。

4．教学教案与试讲

包括4学时教案1份与15～30分钟试讲，各占50%。

(1) 教案要求：以电子稿的形式提交，教案的基本内容包括一般项目、教学目的、重点和难点、教学方法、教学手段、教学内容等。

教案不是教学大纲、授课计划的翻版，也不是教材、参考书的翻版，也不等同于多媒体课件。不得将教案写成教学大纲或授课计划或教材。教案要求4学时，满分50分。

给水与排水专业企业实践评分标准 **表 8**

项目	分值	评分参考标准
企业观摩考察报告	25	25～20分：能够对不同的企业进行对比，通过了解企业的运行状况，分析企业的管理特点；能够较好地结合企业用人需求改进教学方法；报告撰写项目齐全，内容丰富
		19～10分：通过了解企业的运行状况，分析企业的管理特点、生产特点；能够结合企业用人需求改进教学方法；报告撰写项目基本齐全
		9～0分：对企业的管理、生产特点认识肤浅，报告撰写项目不全
企业生产岗位实践报告	25	25～20分：通过跟岗实习，了解企业的生产组织方式，能够找出企业的管理特点、生产特点；熟悉企业的岗位规范和工艺流程；能够较好地结合企业生产实际改进教学方法；报告撰写项目齐全，内容丰富
		19～10分：通过跟岗实习，基本了解企业的生产组织方式，能够找出企业的管理特点、生产特点；基本熟悉企业的岗位规范和工艺流程；能够结合企业生产实际改进教学方法；报告撰写项目基本齐全
		9～0分：对企业的管理特点、生产特点认识肤浅，不熟悉企业的工艺流程及岗位规范，不能结合企业用人需求改进教学方法，报告撰写项目不全
实践表现	50	50～35分：企业实践服从安排，不怕苦怕累，遵守纪律，全勤
		34～25分：企业实践服从安排，不怕苦怕累，遵守纪律，请假7天以内
		24～10分：企业实践态度尚可，请假7－10天或无故缺勤3天以内
		9～0分：无故缺勤3天以上

（2）试讲要求：试讲在多媒体教室进行，学员需制作多媒体课件一份，并试讲15 ～ 30 分钟。根据学员制作的多媒体课件及讲课效果评分，满分 50 分。

5．教学研究论文

培训教师在接受培训期间，应开展一定的教学研究，要求培训教师能提交开题报告及3000 字以上教学研究论文一篇。

6．平时成绩

培训教师的平时成绩主要包括出勤和作业两部分。成绩各占 50%。

出勤考核方法为：全勤，50 分；请假不超过 3 天，没有旷课，40 ～ 49 分；请假 3 ～ 7 天，旷课不超过 3 天，30 ～ 39 分；请假超过 1 周或旷课 3 天以上，10 ～ 29 分。

作业至少交 3 次，内容由主讲教师布置。

附录 2

给水与排水专业教师教学评价基本要求

学校　　　　　　年　　月　　日　　学科　　　　　　　　　执教人

<table>
<tr><th colspan="2" rowspan="3">评价类目</th><th rowspan="3">权重</th><th colspan="10">评价等级</th><th rowspan="3">参考标准</th></tr>
<tr><th colspan="2">优</th><th colspan="3">良</th><th colspan="3">中</th><th colspan="2">差</th></tr>
<tr><th>10</th><th>9</th><th>8</th><th>7</th><th>6</th><th>5</th><th>4</th><th>3</th><th>2</th><th>1</th></tr>
<tr><td rowspan="5">评价指标</td><td>1.教学设计</td><td>20%</td><td></td><td></td><td></td><td></td><td></td><td></td><td></td><td></td><td></td><td></td><td>说课思路清晰，教学目标准确，改革重点突出，教学方法设计合理</td></tr>
<tr><td>2.教师素养</td><td>10%</td><td></td><td></td><td></td><td></td><td></td><td></td><td></td><td></td><td></td><td></td><td>教态亲切自然，语言准确生动，讲普通话；教学条理清楚，调控应变能力强；讲解熟练，节奏适度；演示熟练、正确；板书清楚、规范，设计合理</td></tr>
<tr><td>3.教学内容</td><td>30%</td><td></td><td></td><td></td><td></td><td></td><td></td><td></td><td></td><td></td><td></td><td>内容正确，容量适当，任务、活动选择典型恰当，关注学生个体差异，有机结合德育工作</td></tr>
<tr><td>4.教学方法</td><td>20%</td><td></td><td></td><td></td><td></td><td></td><td></td><td></td><td></td><td></td><td></td><td>体现课改理念，注重激发学生学习兴趣；有突出重点、攻破难点的教学手段；教学形式符合内容需要及学科、专业的特点，注重创新；有效应用现代教学技术</td></tr>
<tr><td>5.教学效果</td><td>20%</td><td></td><td></td><td></td><td></td><td></td><td></td><td></td><td></td><td></td><td></td><td>学生参与积极，课堂气氛活跃，总体教学效果明显，达到教学目标要求</td></tr>
<tr><td colspan="13">特色加分 □ 简述理由：</td><td>评价意见：
五项总分</td></tr>
</table>

使用说明：

1. 评价人按说课和听课的总体印象，将有关教学状况与评价指标参照标准（优）逐条对照衡量后，在相应等级内打“✓”，每条相加算出总分。本表仅限对培训教师教学情况的评价。

2. 特色加分是指评价指标不足以充分表达该课的课改特色而需要加分的。加分幅度可在“10～20”范围内,如果有超过半数评价人作特色加分,则加分有效,取总人数的评价平均值计入总分。

评价人：＿＿＿＿＿＿＿＿

给水与排水专业教师

培训质量评价指标体系

第 1 部分

编写说明

1、制定给水与排水专业教师培训质量评价指标体系的目的

给水与排水专业教师的培训是否有效，这是职业学校、培训基地单位和受训专业教师都十分关心的问题。开展给水与排水专业教师培训质量评价，制定给水与排水专业教师培训质量评价指标体系其目的之一在于保障给水与排水专业教师上岗培训、提高培训和骨干教师培训高质高效的重要措施之一。但是，如何对培训质量进行评价，采用什么方法进行评价是构建培训质量评价指标体系的关键。从一般意义上说，所谓评价，它是指主体按照一定的标准对客体的价值进行判断的过程。而对专业教师培训质量的评价它具有更为特定的意义，它是指依据一定的培训质量评价标准对培训过程及所培训学员的质量与效益做出客观衡量和科学判断的一种方式。它不单纯是对培训机构、培训内容或培训教师的评价，是一个以培训质量为中心的综合性评价。因此，制定给水与排水专业教师培训质量评价指标体系其目的之二还在于，通过对每次专业教师培训项目的培训质量的评价，帮助培训基地和培训单位完善培训方案，创建良好培训条件，提高培训管理水平，使培训效果更加突出；通过培训质量评价可以进一步总结经验，克服培训中存在的不足，使培训更趋规范、科学和优化，能进一步提高培训基地的培训水平，从而也进一步提高给水与排水专业教师的教学水平。

2、制定给水与排水专业教师培训质量评价指标体系的基本原则与方法

开展对给水与排水专业教师培训质量的评价，建立培训质量评价的指标体系是评价的基础，而评价指标选择的合理与否，对评价目标常常具有举足轻重的作用。评价指标若选取得太多，从表面上，显得很丰富，但往往有不少指标事实上是重复性指标，会给评价带来干扰和不合理性，有时会容易掩盖了主要影响因素；若评价指标选取太少了，有时会使选取的指标缺乏足够的代表性，造成评价的片面性。总之，评价指标体系是由多个相互联系、相互作用的评价指标按照一定的层次结构组成的有机整体，它是联系评价专家与评价对象

的纽带，也是联系评价方法与评价对象的桥梁。只有建立科学合理的评价指标体系，才有可能得出科学公正的综合评价结论。因此，给水与排水专业教师培训质量评价指标体系的构建，既要遵循和符合中等职业学校给水与排水专业教师培训的特点和要求，更要具有在日常自然培训状态下评价的可操作性、客观性和简易性，使给水与排水专业教师的上岗培训、提高培训、骨干教师培训实现多种不同培训的有机结合，力求科学、客观和公正。为此，在制定给水与排水专业教师培训质量评价指标体系时应考虑评价的基本原则与方法。

(1) 基本原则

构建评价指标体系时既要遵循评价的一般性原则，又要注意评价的特殊性原则。一般来说，评价指标不宜太多且宜简不宜繁；评价指标应具有独立性、代表性和差异性，而且操作上要可行。在实际应用时，还要灵活运用，要视具体评价问题而定。对构建中等职业学校给水与排水专业教师培训质量评价指标体系来说，除了考虑评价指标体系设计的上述一般性原则外，还要遵循由经验确立法和层次分析法对评价指标体系的特殊性要求。为此，在构建中等职业学校给水与排水专业教师培训质量评价指标体系时，还应遵循如下特殊性原则：

①目的性　评价指标的选择要服务、服从给水与排水专业教师培训质量评价目的，即必须针对给水与排水专业教师的培训质量评价目标选取相关的指标，并舍弃与评价目的无关或是关系不大的指标。

② 全面性　评价指标体系要尽可能真实反映给水与排水专业教师培训质量的评价对象与评价目的有关的各个侧面的情况，全面反映评价目的。如果有遗漏，对培训质量的评价就会出现偏差。

③可比性　构建的评价指标体系对每一个专业教师培训质量的评价目标都应是公平、可比的。对部分评价目标带有明显倾向性的指标将严重损害评价结论的科学性和客观性。

④可操作性　确保被选择的评价指标简单、实用、可重复验证。评价操作尽量简单方便，但保证数据易于获取，且不能失真。确保评价指标体系繁简适中，计算方法简单可行，在基本保证评价结果的客观性、全面性的前提下，评价指标体系尽可能简化，减少或去掉一些对结果影响甚微的评价指标。严格控制数据的准确性和可靠性，同时评价指标的定义应该是清晰准确，范围清楚。概念不清、有歧义的评价指标在统计时由于统计人员对评价指标的理解不同，难以得出准确数据，评价记录的科学性就无从谈起。

⑤专家选择的代表性　专家评价的准确程度，主要取决于专家的专业水准和阅历经验及知识的广度和深度。专家选取是否有代表性直接决定了指标确立的科学性。

(2) 基本方法

目前，评价指标体系的构建一般有经验法和数学法两种。在多数情况下，采用经验法成为不可或缺的方法，该方法常常在评价时既可单独应用，也可作为数学法应用时的基础。特别在做专家调研时经常用的是经验法，即向专家发函，征求意见等。这种方法的优点是不受任何心理因素的影响，可充分发挥自己的主观能动性，在取得大量信息的基础上，形成基本的框架，再集中专家的集体智慧进行论证，最后得到科学合理的评价指标集合。虽然采用数学法确定指标集合时，可以降低指标体系选取时的主观随意性，但由于所采用的样本集合不同，不能保证指标体系的唯一性。为此，对给水与排水专业教师培训质量评价指标体系的构建时，为从培训项目的现实性考虑，选择了采用经验法来确定培训质量评价指标集，然后在此基础上，再选用层次分析法来确定培训质量评价指标的权重，进而完成给水与排水专业教师培训质量评价指标体系的构建。

根据给水与排水专业教师培训现状和要求的调研，构建给水与排水专业教师培训质量评价指标体系的一般流程，如图 1 所示。

从图 1 中可看出，评价标准的确定是构建培训质量评价指标体系中很重要的一个环节，为便于评价指标集的确定，图 2 提供了一个确定给水与排水专业教师培训质量评价指标集的流程图。该流程图遵循“收集——筛选——归类——整合”基本原则。

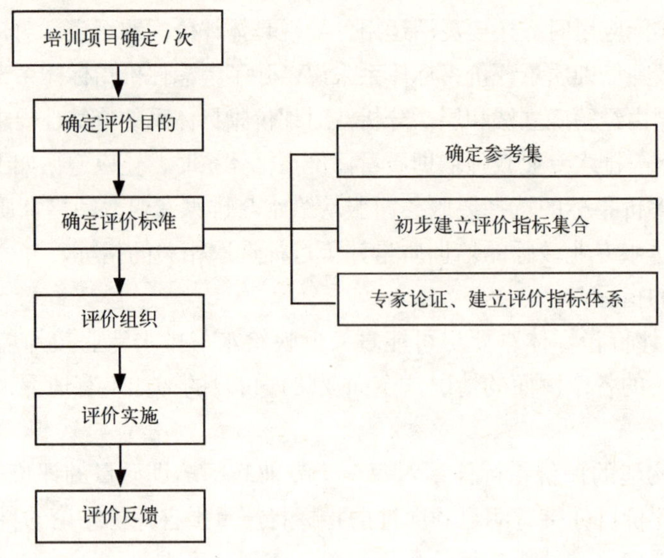

图 1　给水与排水专业教师培训质量评价指标体系构建的基本流程图

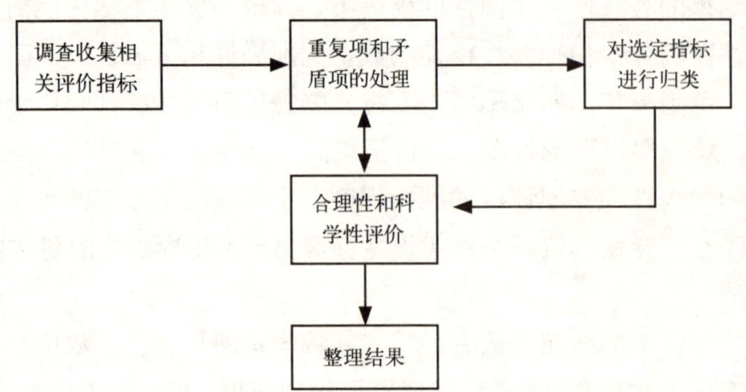

图 2　确定给水与排水专业教师培训质量评价指标集的流程图

3、制定给水与排水专业教师培训质量评价指标体系的基本思路

(1) 给水与排水专业教师培训质量评价的维度分析

依据教育部、财政部办公厅关于印发《中等职业学校重点专业师资培养培训方案、课

程和教材开发项目实施办法》[教职成厅 [2007]6 号]、《中等职业学校重点专业师资培养培训方案、课程和教材开发项目开发计划书》、《中等职业学校给水与排水专业教师培训方案》及《中等职业学校给水与排水专业教师教学能力标准》，结合项目评审专家“中等职业学校专业教师培训质量评价指标体系”的开发指导框架，根据对影响专业教师培训质量主要因素的分析，课题组认为，中等职业学校专业教师培训质量评价指标体系应由培训方案、培训条件、培训管理、培训效果等四部分一级指标组成。对这四部分一级指标，课题组作了如下具体分析：

① 培训方案

培训方案是实施培训工作的纲领性文件，是培训质量的基础性工作。主要考虑培训需求调研、与制定的专业教师能力标准和培训方案的联系、培训目标定位准确性、培训模式和方法的先进性和实用性、培训内容与培训目标的吻合度、培训教学组织、企业培训实践、培训考核及教学评价等，更是体现培训质量的重要部分。

② 培训条件

培训条件是实施培训方案的人力和物力保障。培训条件指标包括培训师资素质与构成、校内教学设施和实习实训条件、生活保障及服务设施、校外实习实训企业的合作与共享专业资料素材等，是完成培训任务的保障条件。

③ 培训管理

培训管理是落实培训方案的制度保障。培训管理指标包括管理队伍专业化程度、培训管理制度与落实、培训方案执行情况、考核内容与方法的科学性、培训工作计划与总结、培训经费的使用、培训档案管理、培训质量监控与反馈制度等，是反映培训项目管理质量的重要内容。

④培训效果

培训效果是培训质量的最终表现。培训效果指标包括培训目标的达成度、考核成绩合格率与分布情况、反映学员综合职业能力的作业或作品情况、培训学员取证率、企业评价、学员自我评价、培训管理评价、学员满意度、选送单位满意度、培训创新等，是反映培训效果的指标。

（2）给水与排水专业教师培训质量评价指标体系的形成

本评价指标体系的制定，其主要依据是教育部、财政部办公厅关于印发《中等职业学校重点专业师资培养培训方案、课程和教材开发项目实施办法》[教职成厅 [2007]6 号] 等文件精神，并结合给水与排水专业教师上岗、提高和骨干三种不同培训要求而提出的（详见表 1）。总之，本培训质量评价指标体系有三个突出点：加重中等职业学校给水与排水专业教师的动手实践能力的比重；强调培训教材的针对性和实用性；突出给水与排水专业的实践环节在培训中的比重。同时，为便于了解和掌握这套评价指标体系，下面再就评价指标体系的基本内容作几点说明。

①每个指标的评价等级按照优劣顺序分 A、B、C、D 四个级别，评价标准只列出 A、C 两个等级的标准，介于 A、C 之间的为 B 级，低于 C 级的为 D 等级。

②评价等级 A 为 5 分，B 为 4 分，C 为 3 分，D 为 2 分。

③评价指标权重根据评价指标对培训质量影响的重要程度确定，权重与评价等级的分数相乘即为各个指标的评价得分，各评价指标总分应低于 100 分。

表 1 为给水与排水专业教师培训质量评价指标集。

给水与排水专业教师培训质量评价指标集　　表 1

一级指标	二级指标
培训方案	培训需求调研
	培训目标定位
	培训内容
	培训模式和方法
	培训教学组织
	教学评价
	培训考核
培训条件	校内教学设施
	校外实习实训基地
	实习实训条件
	培训师资队伍建设
	保障服务设施
	共享资源
	培训教师
培训管理	组织机构
	经费管理
	培训情况
	管理制度
	档案管理
	方案执行
	质量监控
	培训计划与总结
	培训反馈制度
培训效果	学员满意度
	选送单位满意度
	学员技能等级（证书）考核通过率
	管理人员对培训效果评价
	成绩考核
	培训创新
	学员教学综合素质提高情况

（3）给水与排水专业教师培训质量评价指标权重系数的形成

用若干个指标进行综合评价时，其评价目标的作用，从评价目的来看，并不是同等重要的。为了体现各个评价指标在评价体系中的作用地位以及重要程度，在指标体系确定后，必须对各指标赋予不同权重系数。权重是以某种数量形式对比、权衡被评价事物总体中诸因素相对重要程度的量值。确立权重也称为加权，它表示对某指标重要程度的定量分配。加权方法大致分为两种：一是经验加权法，也成定性加权，由专家直接估价，简单易行；另一种是数学加权法，也称定量加权，是以经验为基础，数学原理为背景，间接生成，具有较强的科学性。

本文采用的权重确定方法主要采用专家咨询的经验判断法和层次分析的方法，构造判断矩阵，求得权重。专家咨询的经验判断法是熟悉问题的专家通过对同层次指标因素的两两对比，按照重要性程度进行等级赋值，从而完成从定性分析到定量分析的过度；而层次分析法是运用专家咨询的经验判断法的等级赋值，构造判断矩阵，使用层次分析软件（AHP）得出权重，并对专家给出的等级赋值进行一致性检验。

一般来说，构造判断矩阵采用的形式见表 2。

构造判断矩阵采用形式示意图表 表 2

B_k	C_1	C_2	……	C_n
C_1	C_{11}	C_{12}	……	C_{1n}
C_2	C_{21}	C_{22}	……	C_{2n}
⋮	⋮	⋮	……	⋮
C_n	C_{n1}	C_{n2}	……	C_{nn}

判断矩阵标度及其含义（或是重要性量化赋值），见表 3。

为了保证应用层次分析得到的结论合理，需要对构造的判断矩阵进行一致性检验。判断矩阵一致性指标（CI）的公式为：

$$CI=\frac{\lambda_{max}-n}{n-1} \quad \text{（式 1）}$$

CI 值越小（接近于 0），表示判断矩阵的一致性越好。但是衡量不同阶判断矩阵是否具有满意的一致性，需要引入判断矩阵的平均随机一致性指标 RI 值。对于 1 ～ 9 阶判断矩阵，RI 的值分别列于表 4 中。

判断矩阵重要性量化赋值表 **表 3**

序号	重要性等级	C_{ij}
1	i ,j两元素同等重要	1
2	i元素比j元素稍重要	3
3	i元素比j元素明显重要	5
4	i元素比j元素强烈重要	7
5	i元素比j元素极端重要	9
6	i元素比j元素不重要	1/3
7	i元素比j元素明显不重要	1/5
8	i元素比j元强烈不重要	1/7
9	i元素比j元素极端不重要	1/9

注：C_{ij}={2,4,6,8,1/2,1/4,1/6,1/8}表示重要性等级介于C_{ij}={1,3,5,7,9,1/3,1/5,1/7,1/9}。这些数字是根据定性分析的直觉和判断力来确定的。

平均随机一致性指标 **表 4**

1	2	3	4	5	6	7	8	9
0.00	0.00	0.58	0.90	1.12	1.24	1.32	1.41	1.45

在这里，对于 1、2 阶判断矩阵，RI 只是形式上的，因为 1、2 阶判断矩阵总是具有完全一致性。当阶数大于 2 时，判断矩阵的一致性指标 CI 与同阶平均随机一致性指标 RI 之间比称为随机一致性比率，记为 CR。

$$CR=\frac{CI}{RI}<0.10 \quad \text{（式 2）}$$

当 CR ＜ 0.10 时，即为判断矩阵具有满意的一致性，否则就需要调整判断矩阵，使之具有满意的一致性。

根据给水与排水专业教师的调研数据，得出数据的算数平均值，分别构造判断矩阵；运用层次分析软件（AHP）确立给水与排水专业教师培训质量评价指标的权重，并在运用软件的过程中检验判断矩阵的一致性。最后根据三个层次不同的权重比，求出各项的权重系数，见表 5。

给水与排水专业教师培训质量评价指标权重一栏表　　表 5

一级指标		二级指标		权重
项目	权重	项目	权数	
培训方案	51.7%	1. 培训需求调研	0.317	16.39%
		2. 培训目标定位	0.232	11.99%
		3. 培训内容	0.190	9.82%
		4. 培训模式和方法	0.037	1.91%
		5. 培训教学组织	0.124	6.41%
		6. 教学评价	0.058	3%
		7. 培训考核	0.042	2.17%
培训条件	12.2%	8. 校内教学设施	0.081	0.99%
		9. 校外实习实训基地	0.057	0.7%
		10.实习实训条件	0.134	1.63%
		11.培训师资队伍建设	0.365	4.45%
		12.保障服务设施	0.047	0.57%
		13.共享资源	0.028	0.34%
		14.培训教师	0.288	3.51%
培训管理	6.3%	15.组织机构	0.267	1.68%
		16.经费管理	0.095	0.6%
		17.培训情况	0.229	1.44%
		18.管理制度	0.065	0.41%
		19.档案管理	0.028	0.18%
		20.方案执行	0.079	0.5%
		21.质量监控	0.148	0.93%
		22.培训计划与总结	0.054	0.34%
		23.培训反馈制度	0.035	0.22%
培训效果	29.8%	24.学员满意度	0.155	4.62%
		25.选送单位满意度	0.342	10.19%
		26.学员技能等级（证书）考核通过率	0.097	2.89%
		27.管理人员对培训效果评价	0.074	2.21%
		28.成绩考核	0.040	1.19%
		29.培训创新	0.027	0.8%
		30.学员教学综合素质提高情况	0.265	7.9%

4、给水与排水专业教师培训质量评价的一般步骤

根据前面的描述，已经成功构建给水与排水专业教师培训质量评价指标体系，完成了用多个指标刻画培训质量的本质与特征。但是在对给水与排水专业教师培训质量评价时，往往不是用简单的好与不好来判断，而是采用分为不同程度的模糊语言作为评语。而评价等级之间的关系是模糊的，没有绝对明确的界限，这就使得利用经典的评价方法进行评价存在很大的不合理性。为此在层次分析法构建评价指标权重的基础上，引入了模糊综合评价法（FUZZY），采用模糊综合评价软件，分层次进行模糊综合评价，最后综合出总的评价结果。

如对某次给水与排水专业教师培训质量评价时的具体操作步骤如下：

（1）确立评价指标体系

根据前文制定的评价指标体系表 1，具体的指标集在 FUZZY 软件中用字母“u”表示。

（2）建立模糊综合评价的评价集

评价集是对各层次评价指标的一种语言描述，它是评审人对各评价指标所给出的评语的集合。在此，评价的目的是弄清培训是否符合各方面的要求，因此，本模型的评语共分四个等级。具体的评价集（用“v”表示）为：

v ＝ {优秀，良好，合格，不合格}

（3）权重的确定

本模型的最终权重结果是前文表 5 为用 AHP 软件确立的权重集合表，具体的权重在 RUZZY 软件中用字母“A”表示。

（4）模糊判断矩阵（R）的确定

（5）综合评价

运用 FUZZY 软件，输入相应的数据，得出最后的综合评价向量。根据最大隶属度原则，进行专业教师培训质量评价。

给水与排水专业教师培训质量评价采用表 6，结果分析见表 7。

给水与排水专业教师上岗（提高、骨干）培训质量评价表　　表 6

一级指标	二级指标	评价标准		评价等级				评分（自评或专家评）	备注
		A	C	A	B	C	D		
培训方案	培训需求调研	调研数量充足，报告详细科学，分析满足项目需求，结论充分利用	对培训学员进行调研和征求意见	5	4	3	2		
	培训目标定位	三个层级教师培训目标定位准确，目标与培训内容与专业教师能力标准和培训方案紧密联系，且与专业教师的实际情况密切联系	培训目标基本明确、基本上与学员的实际情况相符	5	4	3	2		

续表

一级指标	二级指标	评价标准		评价等级				评分（自评或专家评）	备注
		A	C	A	B	C	D		
培训方案	培训内容	课程设置合理，内容充实，理论课和实践课比例达到5：5以上；培训内容与培训目标吻合，核心课程与现实需要紧密结合，能够反映“四新”情况	课程设置基本合理，内容上一定程度反映了“四新”情况	5	4	3	2		
	培训模式和方法	培训模式和方式完全为培训内容服务，区分培训对象。采用多种模式和方法，如应答式、单项性、课程式、分散/集中参半式为主（基地培训、校本培训）；包括讲授、研讨、实践、模拟等	培训模式和方式单一，能够基本满足培训内容的需要	5	4	3	2		
	培训教学组织	培训教学以项目贯穿全部内容，参观与课堂教学紧密围绕职业活动开展，重视情景教学，活跃课堂气氛，培养学员的综合能力	教学以项目的形式展开，能与培训目标结合	5	4	3	2		
	教学评价	评价方法多样、手段新颖，评价科学，能够做到过程性评价与总结性评价、自评与他评、校评与企业评价相结合等	评价方法和手段相对单一，基本做到客观公正	5	4	3	2		
	培训考核	考核综合化，标准科学合理，推行双证书制度，要求具有中级以上资格证书	考核形式一般，基本推行证书制度，鼓励学员获得相应的资格证书	5	4	3	2		

续表

一级指标	二级指标	评价标准		评价等级				评分（自评或专家评）	备注
		A	C	A	B	C	D		
培训条件	校内教学设施	校内多媒体教室、实训室、培训通信设备和仪器的种类、数量、适用性和先进性，具有先进的理实一体化教室	校内多媒体教室、实训室、培训通信设备和仪器的种类、数量基本能满足培训需要	5	4	3	2		
	校外实习实训基地	校外培训基地协议；所选择企业与培训内容的关联度高；所选企业实训项目落实效果好	本次培训所选企业基本满足培训内容需要	5	4	3	2		
	实习实训条件	专业教学和实习实训设备能满足需求，给水与排水专业教学和实习实训设备先进，配置齐全；学员实践项目开出率≥95%	专业教学和实习实训设备基本能满足，给水与排水专业教学和实习实训设备具有一定的先进性。学员实践项目开出率≥90%	5	4	3	2		
	培训师资队伍建设	双师型培训教师比例达 70%以上；培训教师中硕士及以上学位比例达到 80%以上；培训的专业课教师高级职称比例达到 70%以上；近 5 年有3项及以上科研成果；近 5 年发表本专业学术论文至少 3篇；培训教师有强烈的责任感，教学严谨；注重与学员的交流，关注学员需求	双师型培训教师比例达 60%以上；培训教师中硕士及以上学位比例达到 70%以上；培训的专业课教师高级职称比例达到 60%以上	5	4	3	2		
	保障服务设施	培训机构内设有为学员提供住宿标间，餐饮有卫生良好餐厅，学员出行方便，服务条件好，价格经济合理；学生认知参观提供完好的路线和交通工具	配备住宿、生活服务及安全卫生服务基本设施	5	4	3	2		
	共享资源	图书资料、信息资源、网络资源便捷丰富，学员满足率≥95%	学员对培训用到图书、网络资源满足率≥90%	5	4	3	2		

续表

一级指标	二级指标	评价标准		评价等级				评分（自评或专家评）	备注
		A	C	A	B	C	D		
培训条件	培训教师	专兼职教师比例合理，既有企事业单位现职高级专家学者和大学教授，又有企业专业技术人员；实训课教师有在企业第一线本专业实际工作的经历，能全面指导学员专业实践实训活动；承担过专业项目的研发工作，且成果获奖或已应用于生产；能针对教学内容运用多种教学手段保证教学质量；明确教学重点难点，学员易懂易学；实训课教师能全面指导学员实训活动；拥有计算机网络专业的实训基地；实训基地符合教学要求，运行状态良好	专兼职教师比例基本合理，能够运用一定的教学方法组织教学	5	4	3	2		
培训管理	组织机构	管理机构健全，建立专门的培训部，培训机构负责人由校（院）级领导担任；校内有给水与排水专业相关专业办学基础和经历。给水与排水专业教师培训条件具备；管理机构、领导成员及分工有相关文件落实，责任分工明确	组织管理机构较健全，专业培训教师条件基本具备	5	4	3	2		
	经费管理	经费落实到位，使用有明确的支出明细，各项支出分配合理	经费使用较合理	5	4	3	2		
	培训情况	近三年培训任务完成情况好：计划完成95%以上，培训规格符合要求，网上评价满意度≥95%	近三年培训任务完成情况好：计划完成 85%以上，培训规格符合要求，网上评价满意度≥85%	5	4	3	2		

续表

一级指标	二级指标	评价标准		评价等级				评分（自评或专家评）	备注
		A	C	A	B	C	D		
培训管理	管理制度	管理文件齐备，制定培训管理制度合理，责任落实到人	有管理文件和培训管理制度，有方案	5	4	3	2		
	档案管理	历届培训管理档案、教学档案、人事档案及档案管理制度齐全	有培训档案、教学档案、人事档案	5	4	3	2		
	方案执行	培训方案运行表落实到每个学时，培训方案执行完好	有培训方案并基本按培训方案开展培训	5	4	3	2		
	质量监控	具有科学的质量监控体系和人员安排，各任务落实情况达到85%	有人员负责该项工作	5	4	3	2		
	培训计划与总结	培训工作计划，教学进程安排表，培训工作总结齐全	有教学进程表，有总结	5	4	3	2		
	培训反馈制度	建立培训效果长期反馈制度，有培训学员反馈渠道和培训学员所在学校反馈渠道，有专人负责反馈信息收集与处理，网络反馈率达到95%	有长期反馈制度和反馈渠道，网络反馈率达到80%	5	4	3	2		
培训效果	学员满意度	学员满意在85%以上	60%～70%学员满意	5	4	3	2		
	选送单位满意度	85%以上单位满意	60%～70%以上单位满意	5	4	3	2		
	学员技能等级（证书）考核通过率	给水与排水专业相关的技能等级（证书）考核通过率100%，其中：上岗培训获中级工证书率100%；提高培训获中级100%、高级证书率40%；骨干培训获技能中级证书率100%、高级证书率80%	给水与排水专业相关的技能等级（证书）考核通过率90%	5	4	3	2		

续表

一级指标	二级指标	评价标准		评价等级				评分（自评或专家评）	备注
		A	C	A	B	C	D		
培训效果	管理人员对培训效果评价	85%以上评价效果好	80%评价基本达到培训要求	5	4	3	2		
	成绩考核	按时上交论文或是完成教学法试讲考核，两者所占的比例为7:3，且最后考核成绩正态分布	有一定偏差	5	4	3	2		
	培训创新	发现两个以上创新处	运用目前主流培训模式、培训手段与方法	5	4	3	2		
	学员教学综合素质提高情况	学员备课、讲课、说课在理论上、方法上，技能上有显著提高；学员每人有教研小论文	学员备课、讲课、说课在理论上、方法上、技能上有一定提高；有教研小论文	5	4	3	2		

X评价结果分析表 **表7**

X评价结果分析				
等级	优秀	良好	合格	不合格
X（评价总得分）	X≥90	76≤X≤89	60≤X≤75	X≤59

注：1. 本评估指标体系得分可以与网络评价系统（如专业骨干教师国家级培训网络评价系统）结合使用，采用3：7的权重比例计算评价得分。

2. 评价结果分为优秀、良好、合格、不合格四个等级，给出各个等级的具体分数区域。

5、评价反馈

评价结束后，培训基地要对评价信息（自评、专家评、学员网评以及调查问卷）进行分析，写出总结报告，及时反馈给教师和学员。教师和学员要认真研究评价中存在的问题，并及时向培训基地提交改进报告。培训基地认真总结培训过程中的具体问题，提出并实施改进措施，在这种循环往复中不断提高培训质量。

第2部分

给水与排水专业教师培训质量评价指标体系

给水与排水专业教师上岗（提高、骨干）培训质量评价指标体系　　表8

一级指标	二级指标	评价重点内容	评价标准		评价方法	评价等级	权重(%)	得分
			A	C				
培训方案	培训需求调研	调研成果（给水排水行业分析、岗位需求、专业教师需求）；成果应用	调研数量充足，报告详细科学，分析满足项目需求，结论充分利用	对培训学员进行调研和征求意见	资料检索、座谈会和抽样调查		16.39	
	培训目标定位	与专业教师能力标准的联系；与上岗、提高、骨干对应的培训方案的联系	三个层级教师培训目标定位准确，目标与培训内容与专业教师能力标准和培训方案紧密联系，且与专业教师的实际情况密切联系	培训目标基本明确、基本上与学员的实际情况相符	对照能力标准，查看培训实施方案；检查征求意见记录或座谈会记录		11.99	
	培训内容	培训课程设置合理性；核心课程安排的俱时性；与培训目标的吻合度	课程设置合理，内容充实，理论课和实践课比例达到5：5以上；培训内容与培训目标吻合，核心课程与现实需要紧密结合，能够反映"四新"情况	课程设置基本合理，内容上一定程度反映了"四新"情况	检查培训方案；检查研讨记录；检查征求意见记录，座谈会记录		9.82	

续表

一级指标	二级指标	评价重点内容	评价标准		评价方法	评价等级	权重(%)	得分
			A	C				
培训方案	培训模式和方法	培训模式和方法的先进性、实用性	培训模式和方式完全为培训内容服务，区分培训对象。采用多种模式和方法，如应答式、单项性、课程式、分散/集中参半式为主（基地培训、校本培训）；包括讲授、研讨、实践、模拟等	培训模式和方式单一，能够基本满足培训内容的需要	查阅征求意见记录或座谈会记录；培训模式效果分析		1.91	
	培训教学组织	培训理论教学、实践教学组织	培训教学以项目贯穿全部内容，参观与课堂教学紧密围绕职业活动开展，重视情景教学，活跃课堂气氛，培养学员的综合能力	教学以项目的形式展开，能与培训目标结合	实地参观、课堂观摩、观看视频		6.41	
	教学评价	教学评价方法与手段	评价方法多样、手段新颖，评价科学，能够做到过程性评价与总结性评价、自评与他评、校评与企业评价相结合等	评价方法和手段相对单一，基本做到客观公正	查看记录和问卷评价		3	
	培训考核	考核内容与方法的科学性	考核综合化，标准科学合理，推行双证书制度，要求具有中级以上资格证书	考核形式一般，基本推行证书制度，鼓励学员获得相应的资格证书	查阅培训实施方案和相关记录或座谈会记录		2.17	

续表

一级指标	二级指标	评价重点内容	评价标准		评价方法	评价等级	权重(%)	得分
			A	C				
培训条件	校内教学设施	给水与排水专业校内硬件资源	校内多媒体教室、实训室、培训通信设备和仪器的种类、数量、适用性和先进性，具有先进的理实一体化教室	校内多媒体教室、实训室、培训通信设备和仪器的种类、数量基本能满足培训需要	检查硬件设施、通信仪器和实训设备；检查硬件设施、通信仪器和实训设备使用记录		0.99	
	校外实习实训基地	给水与排水专业校外培训基地、企业实习单位或是挂牌单位	校外培训基地协议；所选择企业与培训内容的关联度高；所选企业实训项目落实效果好	本次培训所选企业基本满足培训内容需要	查阅校外培训基地协议，企业培训项目落实，与培训内容关联论证报告；查阅校外实训记录		0.7	
	实习实训条件	专业教学和实习实训设备情况	专业教学和实习实训设备能满足，给水与排水专业教学和实习实训设备先进，配置齐全；学员实践项目开出率≥95%	专业教学和实习实训设备基本能满足，给水与排水专业教学和实习实训设备具有一定的先进性。学员实践项目开出率≥90%	实地考察并查看相关记录		1.63	
	培训师资队伍建设	师资数量、结构、学历、职称、“双师”所占比例	双师型培训教师比例达 70%以上；培训教师中硕士及以上学位比例达到 80%以上；培训的专业课教师高级职称比例达到70%以上；近 5 年有3项及以上科研成果；近 5 年发表本专业学术论文至少 3篇；培训教师有强烈的责任感，教学严谨；注重与学员的交流，关注学员需求	双师型培训教师比例达 60%以上；培训教师中硕士及以上学位比例达到70%以上；培训的专业课教师高级职称比例达到 60%以上	查阅教师资源信息库；本期任课教师登记表		4.45	

续表

一级指标	二级指标	评价重点内容	评价标准		评价方法	评价等级	权重(%)	得分
			A	C				
培训条件	保障服务设施	后勤保障条件和安全卫生服务设施	培训机构内设有为学员提供住宿标间，餐饮有卫生良好餐厅，学员出行方便，服务条件好，价格经济合理；学生认知参观提供完好的路线和交通工具	配备住宿、生活服务及安全卫生服务基本设施	检查生活服务配备条件报告;学员评价住宿、生活服务及安全卫生服务（问卷调查）		0.57	
	共享资源	图书资料，信息资源，网络资源	图书资料，信息资源，网络资源便捷丰富，学员满足率≥95%	学员对培训用到图书、网络资源满足率≥90%	审查相关资源信息		0.34	
	培训教师	专职、兼职教师	专兼职教师比例合理，既有企事业单位现职高级专家学者和大学教授，又有企业专业技术人员；实训课教师有在企业第一线本专业实际工作的经历，能全面指导学员专业实践实训活动；承担过专业项目的研发工作，且成果获奖或已应用于生产；能针对教学内容运用多种教学手段保证教学质量；明确教学重点难点，学员易懂易学；实训课教师能全面指导学员实训活动；拥有计算机网络专业的实训基地；实训基地符合教学要求，运行状态良好	专兼职教师比例基本合理，能够运用一定的教学方法组织教学	查阅教师资源信息库；本期任课教师登记表		3.51	

续表

一级指标	二级指标	评价重点内容	评价标准		评价方法	评价等级	权重(%)	得分
			A	C				
培训管理	组织机构	管理队伍专业化程度	管理机构健全，建立专门的培训部，培训机构负责人由校（院）级领导担任；校内有给水与排水专业相关专业办学基础和经历。给水与排水专业教师培训条件具备；管理机构、领导成员及分工有相关文件落实相，责任分工明确	组织管理机构较健全，专业培训教师条件基本具备	查阅文件，抽样调查		1.68	
	经费管理	培训经费使用	经费落实到位，使用有明确的支出明细，各项支出分配合理	经费使用较合理	查阅财务用度表		0.6	
	培训情况	近三年基地培训的基本情况	近三年培训任务完成情况好：计划完成 95%以上，培训规格符合要求，网上评价满意度≥95%	近三年培训任务完成情况好：计划完成 85%以上，培训规格符合要求，网上评价满意度≥85%	查看相关文档		1.44	
	管理制度	管理制度（培训管理制度、教学管理制度、教师管理制度、实验实训设备管理制度、校外实训管理制度、培训考核管理制度、学员管理制度）落实情况	管理文件齐备，制定培训管理制度合理，责任落实到人	有管理文件和培训管理制度，有方案	查阅相关规章制度和文件资料；学员座谈		0.41	
	档案管理	培训档案的建档、保存和管理情况	历届培训管理档案、教学档案、人事档案及档案管理制度齐全	有培训档案、教学档案、人事档案	审查档案资料		0.18	

续表

一级指标	二级指标	评价重点内容	评价标准		评价方法	评价等级	权重(%)	得分
			A	C				
培训管理	方案执行	培训教学方案执行情况	培训方案运行表落实到每个学时，培训方案执行完好	有培训方案和基本按培训方案开展培训	查阅培训方案，培训过程性材料和资料		0.50	
	质量监控	培训目标在培训课程中分解落实情况；培训任务的落实情况；教学环节监控措施，培训课程目标考核评价方法案	具有科学的质量监控体系和人员安排，各任务落实情况达到85%	有人员负责该项工作	查阅资料，学生座谈		0.93	
	培训计划与总结	培训计划制定、总结培训计划的优缺点	培训工作计划，教学进程安排表，培训工作总结齐全	有教学进程表，有总结	查阅计划、总结等材料		0.34	
	培训反馈制度	培训反馈制度的建立和完善	建立培训效果长期反馈制度，培训学员反馈渠道和培训学员所在学校反馈渠道，有专人负责反馈信息收集与处理，网络反馈率达到95%	有长期反馈制度和反馈渠道，网络反馈率达到80%	查阅制度和信息反馈资料；学员座谈		0.22	
培训效果	学员满意度	给水与排水专业学员对培训方案、师资力量、教学过程、教学效果、生活保障等满意度	学员满意在85%以上	60%~70%学员满意	学员座谈；查阅问卷调查		4.62	
	选送单位满意度	选送单位对培训内容、培训方法、培训效果及学员能力和水平提高度的意见反馈情况	85%以上单位满意	60%~70%以上单位满意	抽样选送单位调查问卷		10.19	

续表

一级指标	二级指标	评价重点内容	评价标准		评价方法	评价等级	权重(%)	得分
			A	C				
培训效果	学员技能等级（证书）考核通过率	给水与排水专业相关技能证书取得情况	给水与排水专业相关的技能等级（证书）考核通过率100%，其中，上岗培训获中级工证书率100%；提高培训获中级100%、高级证书率40%；骨干培训获技能中级证书率100%、高级证书率80%	给水与排水专业相关的技能等级（证书）考核通过率90%	查阅证书获得资料		2.89	
	管理人员对培训效果评价	管理人员对学员学习态度、培训内容、培训方法和培训效果评价	85%以上评价效果好	80%评价基本达到培训要求	查阅评价表		2.21	
	成绩考核	考核成绩合格率与分布情况	学院按时上交论文或是设计与完成教学法试讲考核，两者所占的比例为7：3，且最后考核成绩正态分布	有一定偏差	查阅学员成绩册和考核成绩分析表		1.19	
	培训创新	培训模式、培训手段、教学方法的探索（培训总结）	发现两个以上创新处	运用目前主流培训模式、培训手段与方法	查阅教学总结；学员座谈		0.8	
	学员教学综合素质提高情况	学员备课、掌握新理论、课件制作、论文写作等方面的情况	学员备课、讲课、说课在理论上，方法上，技能上有显著提高；学员每人有教研小论文	学员备课、讲课、说课在理论上，方法上，技能上有一定提高；有教研小论文	学员备课、讲课、说课材料抽样调查，学员座谈，教研小论文		7.9	